中部大学ブックシリーズ ACTA 15

恵《え》那《な》からの花《はな》綴《つづ》り

南 基泰 Motoyasu Minami ―― 編著

風媒社

恵那からの花綴り

目次

目次

天高く

枯れ草色のにおい

はじめに

やくたたぬものたちにあこがれて

二〇〇一年応用生物学部が開設し、それ以来記憶として残らないようなささやかな時間を学生達、そして「やくたたぬ花々」と積み重ねてきた。節操がないと言われるかもしれないが、多種多様な花々を、そのまま多種多様なままに、鳥瞰し溜め込んできた魅力のひとひらを、読み手の掌にそっと蝶が舞い降りるように、静かに載せることができればと思い、パソコンに向かった。大袈裟にではなく、さりげなく、それでいて華やかに、一気呵成に書き上げるのではなく、ひねもすのたりのたりと。

中部大学研修センター全景（恵那キャンパス）

里山のなごり

中部大学研修センターが正式名称だが、常日頃使い慣れている「恵那キャンパス」と本書では呼称する。

恵那キャンパスは、鶴舞、春日井に続いて建設された第三の校地。既に学園は昭和四十年の段階で、春日井キャンパスの大幅な拡張は困難と認識し、新たなキャンパスを鶴舞、春日井と連絡のよい国鉄中央線沿いに探していた。その結果、里山として利用されてきた国鉄中央線武並駅南の面積四十万平方メートルの丘陵地（用地の三分の二は竹折森林組合の共有地、残りは私有地）を候補地として探しあてた。昭和四十二年九月に売買契約書に調印、その後の事業認定や農地転用手続きが難航し、ようやく昭和四十七年九月に一部を残して移転登記終了（大西　一九七八）。

恵那キャンパスは、ＪＲ中央線武並駅すぐ南、線路に沿って間口約六〇〇メートル、奥行約一〇〇〇メートルの丘陵地に位置し、季節ごとに表情のかわる恵那山（標

中部大学研修センター建設前。里山として利用されてきた武並駅南の面積40万㎡の丘陵地（1969年）

高二一九〇メートル）や笠置山を望むことができる。面積は約四〇万平方メートル、高低差六〇メートル。この中を駅から開拓道路一号線（この道は今でも学内幹線道路として残っている）が貫いている。計画の際に、キャンパス内は約四つのブロックに分け、最も駅に近い西のブロックを「教育施設ゾーン」とし、将来学科等施設が設けられるゾーンとした。中央部の丘陵を「研修ゾーン」として、研修、宿泊施設等を設けるゾーンとした。更に西の「教育施設ゾーン」との間の平坦な区域（棚田）の部分を「緑地ゾーン」とした。ここは最大幅一〇五メートル、長さ三〇〇メートルの広さがあり、当初計画どおり現在は芝生広場でミニゴルフ練習場となっている。一番東のゾーンは「体育施設ゾーン」として総合グラウンドが計画された（大西　一九七八）。

早速、昭和四十七年十一月に総合グラウンド（ただし、野球場外野とトラックの走路を除く）から建設することになり、起工式が行なわれ、清水建設（株）によって着工。

冠雪．季節ごとに表情のかわる恵那山（標高 2190m，2005 年 2 月）

昭和五十一年三月には、斜面に沿って段階的な斜めの構造を取り入れたスパニッシュ風の白亜の研修センターができ、続いて体育施設として三〇〇メートルトラックを持つ総合運動場、野球場等が完成した（大西　一九七八）。昭和五十五年秋には一周二・七キロメートルのトリムコースが、校地を縁取るように完成した。その後も昭和六十二年に体育館、研修棟、第二宿泊棟が増設され、新入生オリエンテーション、ゼミ、クラブ合宿に利用された（大西　一九八九）。しかし、恵那キャンパス内に残存した、かつての里山のなごりである山野に人々の関心が向くことはなく、半ば放置された状態のまま昭和から平成へと時間が流れた。

平成十三年に応用生物学部が開設された。それからというもの恵那キャンパス内に残存している山野で学生の声がするようになった。そして地形的に複雑に入り込んだ沢筋にもひとけが漂うようになった。放棄水田が再度見直され、湧水で涵養された貧栄養酸性湿地の周囲にも学生が集まるようになった。

こうして、キャンパスになる前の里山のなごりを、其処此処《そここ》で見つけ始め、無価値と思われたかつての里山の二次的自然環境の価値と、この地域固有の自然が認識され始めた。

「うつろい」を知り、そして「次を」考える

絶滅のおそれのある希少種や山野草として人気のある花々に出会える場所を教えることは、別の価値観を持つ新たな人々を招き入れることになるかもしれない。そのため、出会える場所が特定できるよう

な情報は非公開にする方がよい。しかしである。「貴重な書籍は痛まないように非閲覧とするのがよいのか。多少傷んでも誰もがいつでも手に取って読めるように自由閲覧とするのがよいのか」を選択することになれば、後者を迷わず選択する。なるべく傷まない読み方を探ればよい。本書では、まずは「うつろい」を知り、そして「次を」考えるために、花々を感じたり、愛でたりできる場所も記載した。

私利私欲を満たすため、貪りたいなら、貪ればいい。そこに咲く花を摘んで持ち帰ればいい。ただし、誰も体験できない常永久の縦糸と、まだ見ぬ世界へとつながっている横糸の交点で、花々が咲いていることは憶えておいてほしい。

そして、その常永久と世界のひろがりを背負える覚悟と自信があるなら。

恵那キャンパスは、「東海地方に三〇〇万年以上にわたって続いてきた環境の中で生まれた固有種や隔離種である東海丘陵要素や絶滅危惧植物種の隠れ家」（南ら　二〇〇四）となっている。その花々は、幸運にも大学という永続的に生育可能な場所に残存していた。だから、大学や地域での教育・研究活動に大いに利用すればよい。そのためには「花々が、自分の季節を知って芽生え、その時が来たらちゃんと咲かせて、最後に健全な後代を残すことのできる種子をつけ、きっちりと自分の時間を使い果たして枯れていける環境」の謎解きをしておかなくてはならない。しかし、その謎解きは本書の意図とは別次元の話。そんな謎解きは「研究者」になっている時にやることにする。

研究者が謎を解ければそれでよいのか。それだけでは足りない。自分以外の人々に「花々のうつろい」を知ってもらう必要がある。研究者は自分と同世界の者にしか通じない言葉を使うので、花綴りには向いていない。恵那キャンパスは土岐川・庄内川流域圏の希少な花々に出会える場所で、流域圏に存在する生態系の箱庭にもなっている。そこを貴重な場所とするのかどうかは、みなで考えればよい。もしも貴重な場所とするのならば、恵那キャンパスは流域圏民にとって「生きとし生けるもの」への知的好奇心を喚起する場所としての役割を背負い、みなを招けばよい。しかし、時間を作る方法を考えるのは面倒くさく、自分の家から出るのは億劫で、知らない場所に出かける発想を持てないのが日常である。まずは、風もニオイもない部屋の中でよいので、本書の好きな季節の、好きな場所から「その時、そこに、そんな花々のうつろいがある」ということを知るだけでよいと思う。これが本書の役割と思っている。

「うつろい」を知り、それから次に何をするかを考えればよい。

＊注　本書は、二〇〇三―〇五年、二年間にわたって「中部大学広報誌 ANTENNA」に連載された「恵那花だより（文・溝口みかを）」に、南基泰が加筆して刊行したものである。

恵那からの花綴り

花々は、飛んだり、跳んだりしない。でも、河の水が巌を鞣すくらいの時間の単位で、山や河が動くほどの速さで移動できる。目の前にある「花」を考える時、縦糸を「時間」、横糸を「場所」として、その存在を意識してみる。目の前の花は「点」で咲いているのではなく、誰も体験できない常永久《とことわ》の縦糸と、まだ見ぬ世界へとつながっている横糸の交点で咲いている。目の前の花がいる場所は、縦糸が「いま」で、横糸が「ここ」になる。そのことを考えると、縦糸の両端を想像したくなるし、横糸の両端まで行ってみたくなる。恵那キャンパスの花々も、それぞれが点に存在しているが、自分たちが積み重ねてきた時間軸の縦糸の上にのっているし、あるものは北へと、あるものは南へと、そして海の向こうへとつながる横糸の上にいる。縦糸と横糸の交点が、たまたま「この時代の、この場所」であっただけ。我々はたまたまそこに居合わせたので、花々と対面できただけだ。本書では、恵那キャンパスに咲く花の「いま・ここ」の「花便り」を「つれづれ」するだけでなく、それぞれの花が恵那キャンパスの「いま・ここ」にたどり着くまでの縦糸（時間）とたどってきた横糸（空間）の「花綴り」も語ってみた。

浅春の舞

静かに春が始まる。

年が明けて最初に花が咲いた時点を春とするなら、春はマンサクから始まり、アセビへと続く。

こころ躍らす浅春の花木

マンサク（満作）*Hamamelis japonica*　マンサク科 Hamamelidaceae

腿を高く上げて色味のない林の枯葉を踏みしめていると、足もとに鮮やかな黄色いものが落ちている。拾い上げると、それは切れないはさみで幼子が夢中になって切り刻んだ紙細工のようなマンサクの花だった。見上げた高さ三メートルはある樹に、咲いている、咲いている。林に春が来るよと告げている。

ちぢれた花弁、萼片ともに四枚で暗紫色、柄のない花が短い枝先に二～四個かたまって咲く。花は葉が伸びる前に一斉に咲くので、この時期の山里では遠くからでも黄色い樹形を見つけることができる。灰色の樹皮は粘りがあって強く、以前訪れた合掌造りの家の太い梁が

マンサク

この皮で固く締められていた。止血剤になるという葉は菱形状円形から広卵形で、秋に黄色く色づき林を彩る。落葉小高木もしくは低木。和名は葉が出るより前に黄色い花をたくさんつけるので「満作」、また早春に「まず咲く」ことから。これがなまったとも。方言名にカマドノキ、シシハライ、ムラダチなど。

花期は三月。研修センター前の雑木林内は見つけにくい。トリムコースNo.９入り口道路際のものが見つけ易い。この二カ所でだけ出会える。

（文・溝口）

春山の道しるべ

アセビ（馬酔木） *Pieris japonica*　ツツジ科 Ericaceae

春まだ早くからこんもりと白く見える馬酔木は山の中の道しるべ。近づけば壷型をした小さな花が房になってぶら下がって咲いている。たわわに咲く一枝をふと手折って身に飾りたくなる。恵那キャンパスのトリムコースにも白花、赤花とりどりの花色のものがあり、トリムコースを何度か訪れ顔見知りになると、コースの行程を教えてくれる。

枝先の葉腋から下向きに円錐花序を出し、下向きに壺形、釣鐘型の花を多数つける。花冠は六～八ミリ、先端は五裂。葉は濃緑色で互生、煎じて殺虫剤に使う。高さは一～八メートル、幹径五～一〇センチくらいになる。別名の馬酔木、馬不食、鹿不食は馬が食べると苦しむからというが、奈良公園でも有毒なこの植物を鹿が食べることはなく、樹形がそのまま残されている。その他「足痺」が縮まってアシビになったという説、また花の形から麦花、麦飯花、米米の名も。その他アセボ、アセモ等の名がある。常緑低木～小高木。

アセビ

磯の上に　生ふる馬酔木を
手折らめど
見すべき君が　ありといはなくに
大来皇女
（『万葉集』巻二・一六六）

など万葉集に一〇首詠み込まれている。
花期は二月下旬～五月。恵那キャンパス全域で道しるべとなっている。
（文・溝口）

草枕の憂鬱

『草枕』(夏目漱石)の冒頭が、昨今の里山学に対する憂鬱をよく代弁してくれている。

「山路を登りながら、こう考えた。智に働けば角が立つ。情に棹させば流される。意地を通せば窮屈だ。とかくに人の世は住みにくい。」

植物のふるまいから、社会や人生の教訓を得るつもりもないし、人間社会の価値観やモラルに直結した例え話を作るつもりもない。それから、里山学で農村復興を称えるつもりもなく、学問領域を逸脱したノスタルジックな懐古主義を称えるつもりもない。地球温暖化、資源問題などと結びつけて議論することは言語道断と思っている。だからといって自分が刹那的な生き方をしていると思わない。ただ昨今の里山は、自分がその分野の「現人神《あらひとがみ》」と称する人々が寄り合う場所となり、住みにくくなっているような気がする。確かに学際領域である里山学には、

「八百万《やおよろず》の神々」が必要である。しかし、現人神のすべてがそうではないが、里山の其処此処《そこここ》に結界地を設け、価値観の異なるもの、障害となるもの、修行や修法の違うものに対しては、「祟神《たたりがみ》」となって容赦のない言動をとるものがある。それに対して、こちらは「智で働くので、時に角が立つ」。祟神には、科学的命題と社会的命題の区別がない。だから、声の大きな祟神のお告げが正しいことになる。

専門馬鹿と呼ばれて幸せを感じる。世間知らずでも生きていける象牙の塔にいることに安心感を憶えるし、だからものごとに集中できる。こちらは、科学的命題と社会的命題を明確に区別して、解決法を考え、実践したいだけである。科学的命題は「解答」を導くので、感情ではなく信念で動く。より高度な専門的な知識、技術が必要である。真実を追求するあまり、時に社会に背を向け、時局を無視してでも、白黒をはっきりさせることもある。「意地を通すので窮屈になる」。一方、社会的命題は「回答」するものである。最初の判断基準は、個人の好みだったはずがやがて家族、知人の声を代弁していると言い始める。感情を原動力とし、それがいつしか生まれる前からの信念であったと錯覚し、最後には正義へと化ける。より多くの人々の主観を俯瞰し、集約する能力が必要であるにも関わらず。常に社会と正面から向き合い、時代の中で変遷する価値観を直視し、ぶれることなく取組んでいかなくてはいけない。しかし、「情に棹さすので流される」。白黒のつけられない灰色の部分を多く残してしまうのが常である。

「里山」をどうするかは、その所有者、立地条件、使用目的、コミュニティの潜在能力に応じて異なるはずである。特に、かつては里山だったかもしれないが、今は大学のキャンパスとなった場所で農業復興を称えても、それは現実的な計画とはいえない。里山の農業復興のための管理・活用法を立案、推進するための潜在能力も期待できない。客寄せのイベントならば企画、運営できるかもしれないが、それは大学でなくてもできる。しかし大学に対して、アカデミックな潜在能力を期待することならばできる。その潜在能力を活用して「環境学習」、「教育研究」の場として機能させ、社会的命題の回答のための科学的命題を模索し、解答を導き出せばよい。そしてその過程で、「利害」と「錯誤」と「科学」が三つ巴となった里山学を解決するための知恵を学生に磨かせればよい。それが、時代の要請に呼応した地域の私立大学の役割であり、持続可能な利用と思っている。

ヒトと自然の共生で成立している中山間型里山林（京都府美山町かやぶきの里北村重要伝統的建造物群保存地区）

産学官民協働「土岐川・庄内川源流　森の健康診断」．毎年秋に中部大生主体で人工林の混み具合や緑のダム効果について恵那キャンパスを拠点に調査

萌黄色の中で

春の眠たげな日射しの下、萌黄色の空気の中で桜の花弁が風もないのに散り、舞い降りるかと思えば地と接することなく舞い続ける。

天平の野辺を偲ぶ

カタクリ（片栗）*Erythronium japonicum*　ユリ科 Liliaceae

万葉集に「堅香子」の名で一首。大伴家持が、水を汲みにくる乙女たちの側で群れ咲くさまを詠んでいる。

もののふの　八十娘子らが　汲みまがふ　寺井の上の　堅香子の花

（『万葉集』巻十九・四一四三）

カタクリは種子から芽が出て花が咲くまで七年から八年もの時がいるという。このカタクリの花一輪一輪に蓄えられた時間に、少女の華やいだ笑い声が交じり合い、早春の明るい情景を思わせる。

カタクリ

花を下向きに咲かせながら花被片を上向きにぴんと反り返らせるさまは、スプリング・エフェメラル（春の妖精）に相応しい可愛らしさと気高さを漂わせている。この蜜を春の女神ギフチョウが好んで吸う。

林内に群生し、葉は普通二枚で淡緑色、紫褐色の斑紋がある。茎頂に一つ花が下向きにつく。花被片は六つで淡紅紫色。基部にW字型の濃紫色の斑紋がある。片栗粉は現在ではジャガイモの澱粉が使われるが、本来はこのカタクリの鱗茎をすりつぶしたもの。方言名にカタッコ、カタコユリ、カタッパ、ユリイモ、ウグイス、ガンガンバナなど。多年生草本。

花期は四月。生育地は唯一トリムコースNo.9〜10のひっそりとした沢筋を登ったところ。危急（愛知県）。

（文・溝口）

里山の沢筋に灯る木の花

シデコブシ（四手辛夷）*Magnolia stellata*　モクレン科 Magnoliaceae

宵がきて灯した雛のぼんぼりのように、点々と白い花をつけたシデコブシの小高木が、春の里山を「ぽうっと」明るくしている。周伊勢湾地域の湿地やその周辺にのみ生育する固有種で東海丘陵要素。高さは一・五〜三メートル。かすかに水音が聞こえてくる沢に近寄りその中に立つ木を仰ぎ見ると、花の向こうに青い空が広がる。葉が展開する前に、柔らかな長い毛で包まれた蕾から、一二〜一八片の細長く少しよじれた花披片をつけた、直径七〜一〇センチほどの香りある大きな花が開く。わずかにねじれた花びらの先を見届けようと見上げると、背景となる空の色まで恋しい。

花の形が玉串やしめ縄につける四手や幣に似ていることからこの名がつき、四手辛夷や幣辛夷と記す。小種名の stellata は、「星状の」の意。

鳥がついばんだ花をみつけ、真似て口にした学生の感想は、「白花はほんのり甘く、ピンク

シデコブシ

花は後でほろ苦い」。なるほど鳥も白い部分を好んで食べている。熟して裂開した果実から赤い種子をぶらさげる秋の様子も、個性的だ。別名はヒメコブシ。庭木としても愛でられている。落葉小高木。

東海丘陵要素。花期は四月（春日井キャンパスの桜が満開の頃）。トリムコースNo.1～4のものは遠目から、No.19～21の沢筋のものはトリムコースの橋の上に立つと、眼の高さで咲いている花に出会える。

準絶滅危惧（環境省）、絶滅危惧Ⅱ類（岐阜県）、危急（愛知県）。

（文・溝口）

蜀の春

日本では「辛夷」という漢字を当てて「コブシ」と読むが、中国ではこの言葉は木蓮を指す。三月、四川省成都（かつての蜀の都）の春はまだ浅かった。黄砂のせいか、街全体が「まったり」と霞んでいた。時折、霞んだ空気を生暖かい風が動かしているので、なおのこと「まったり」とする。「蜀犬吠日」（蜀の犬は太陽を見て吠える）。この地では太陽がほとんど顔を出さないために、まれに雲間から太陽がのぞくと怪しんで犬が吠えるということらしい。そのたとえ同様、今日の成都も霞んでいる。成都の中心街より北東にある武侯祠は、蜀の丞相諸葛亮孔明の祠堂で、四世紀初めに建てられた後、何度も破壊と再建を繰り返してきた。そんな逸話とは無関係に、「まったり」とした時間が流れていた。そんな中ハクモクレン（白木蓮、*Magnolia heptapeta*　モクレン科）の白が、甍を背に浮き立つように咲いていた。

シデコブシをはじめ、モクレン科モクレン属のモクレン（*M. guinguepeta*）、コブシ（*M. praecocissima*）、タイサンボク（泰山木、*M. grandiflora*）、ホオノキ（朴の木、*M. obovata*）、タムシバ（田虫葉、*M. salicifolia*）はどれも好まれ、庭木、街路樹などに利用されている。とりわけ

ハクモクレンの白が甍を背に浮き立つ（中国成都武候祠，2005年3月）

モクレン、ハクモクレンは中国南西部の雲南省、そして成都のある四川省が原産地となっているせいもあり、東アジア地域でよく見かける。原産地が近いためだけではないのは、この濃厚な白い花片が、甍を背景に「ぽうっと」よく映えるためかもしれない。

「辛夷」と「木蓮」は、同じ植物を指してもいるし、違う植物をも意味している。しかし、「水魚の交わり」（諸葛亮孔明と劉備玄徳の関係を比喩）と比喩すると大袈裟すぎるかもしれないが、恵那キャンパスでも蜀の国でも、春の訪れに必要不可欠な花木ということには相違はないようである。なによりも春が無事に訪れたという安心感で、ぼんやりとした頭にはちょうどよい姿、色である。

連なる季節、迎える春

シヨウジョウバカマ（猩々袴）*Heloniopsis orientalis*　ユリ科 Liliaceae

冬間も枯れることなく太陽の光をいっぱいに受けてきたロゼットの葉。色のない里山で、足許にこの放射状に広がる紫がかった光沢ある根生葉をみつけると、置いてきた季節と迎えにいく季節の連なりを感じる。そして早春、新しいロゼットが生まれ、根生葉の中心から高さ一〇〜三〇センチの花茎が立ち、数枚の鱗片葉、そして先端に三〜一〇花が総状花序について横向きに開く。花被片は六つ、雄しべ六本、花糸は花被片と同長。暗紫色の葯が総状に広がる花にリズムをつけている。

謡曲「猩々《しょうじょう》」は、赤毛でサルのような古代中国の伝説の動物「猩々」を題材にした演目で、和名は赤紫色の花を猩々の髪に、また平面に広がる葉を袴に見立ててつけられたもの。方言名はアジキバナ、オトコカタゴ、カオバナ、カンザシバナ、コンロバナ、チャセンバナ、ハッカケバナ、ヤチカタゴ、ユキワリバナ、など。里山に春を告げるこの花の形状をあれやこれと見

ショウジョウバカマ

立てている。多年生草本。

　花期は四月。直射日光の当たらないような、湿った林床や斜面ならばどこでも出会えるが、トリムコースNo.9～10の沢筋のものの色がよいように思う。　（文・溝口）

催花雨の後

ひと雨ごとに、せきたてられるかのように緑が濃くなり花々が増えていく。その頃になると、春日井にいても身体が恵那の花々と共鳴し始める。

ひとりもよし、大勢もよし

ハルリンドウ（春竜胆）*Gentiana thunbergii*　リンドウ科 Gentianaceae

「桜しべ降る頃」。恵那キャンパスを含めた東濃地方では、山野を切り開きつくられた谷津田の背景に広がるボタ（恵那界隈で畦、土手を意味する）や林縁などの少し湿った日当たりのよい場所に集まって咲いている。一年目はロゼット株で過ごし、二年目の春に花を咲かせ、種子をこぼし、枯れていく越年草。全体に淡緑色をしていて、高さ一〇センチ程度になる。花茎は数本が集まり、その先端に一つずつ漏斗状鐘型の青紫色の花冠を上向きにつける。上から覗き込むと喉部に濃色の斑紋があり、一花ごとに異なった表情を楽しませてくれる。晴れた日には、特に昼食を終えた頃から、これでもかと花冠を反らす。眼が風景に慣れ始めると、かくし絵の

ハルリンドウ

ように、風景の中から浮かび上がって来る。ハナモグリやギフチョウを招くが、日が傾く頃にはその花はねじれながら閉じ、また次の日に開く。雨や曇りの日にはその花が咲いている姿を見ることができない、すべて花冠をねじらせ閉じている。点描画ならば、青紫色の絵の具を「ひと筆」置いただけのその姿。ひとりもよし、大勢もよし。

花期は四月下旬から。グランド法面が紫の絨毯になる。トリムコース内も日が射込む場所で、ポツリポツリと出会える。

火の国「万年の草原」

阿蘇は「千年の草原」と言われてきた。

日本書記には熊襲征伐のために、景行天皇（在位七一～一三〇年、日本武尊の父）自らが九州巡幸し平定したとある。そして、景行天皇は征伐後の還御の折、阿蘇に立ち寄り広大な草原を目の当たりにしたと記載されている。しかし、天皇神話である「日本書記」の信憑性は疑う余地がある。

とはいえ、「日本書記」の記載もあながち神話ではなかったようで、阿蘇は「万年の草原」であったようである。阿蘇外輪山北部の観光スポットである「大観峰」付近の黒ボク土壌に草本植物を起源とする微粒炭が多量に含まれていることが報告されている（小椋　二〇〇二）。こうしたことから一万年以上にわたってススキ草原が継続され、それは火入れによるものという可能性が高まってきている。一万年以上にわたって「行けど萩ゆけど芒の原ひろし」（夏目漱石）であったようである。

阿蘇の植物相の最大の特徴は、ユーラシア大陸と九州が陸続きだった冷涼な時期（約一五万

大観峰より阿蘇寝観音像の裾野に広がる万年の草原を望む（2006 年４月）

年前）に移入してきた「大陸系遺存種」が多いということだ（今江　一九八六）。この大陸系遺存種のほとんどは草原性の植物というのが特徴である。このことから、ユーラシア大陸と九州がただ陸続きであっただけでなく、草原の回廊としてつながっていたと考えられている（今江　一九八六）。その後、今のように温暖で湿潤な気候になった後は九州全域の森が発達し、極相へと向かい照葉樹林に覆われることになった。つまり雨の多いこの国では、阿蘇も森になるはずであった。しかし、先人たちの火入りが、もちろん火山活動によっても周囲が森林化する中で阿蘇だけは「万年の草原」が保たれ、大陸系遺存種が残った。つまり、阿蘇は大陸からやってきた植物達の大きなタイムカプセルとなった。

ハルリンドウも大陸系遺存種である。五月の阿蘇でよく目立つ。火入れした墨色の草地やまだ枯草色の牧場に大勢がいる。時に、同じ運命をたどったキスミレ（黄菫、*Viola orientalis* スミレ科）と春先の阿蘇の草原で、つかず・はなれず。ハルリンドウは今よりも冷涼な時代に、まだ日本にたくさん残っていた草原を回廊として全国に分布していったと思う。しかし、現在のような森の国になってからは、田畑や森林の縁のわずかな草地に生育しているだけである。

つまり、ハルリンドウの起源を探るなら、ユーラシア大陸の奥深くに行く必要がある。

龍の背

龍の国ブータンは、ヒマラヤ山脈南斜面にあるたかだか一八〇キロの幅の王国である。それなのに標高二〇〇メートル前後の亜熱帯林のインド国境地帯から、神仏が座する未踏の峰々が連なる標高七〇〇〇メートルの世界が同時に存在する。そのため、東アジアの様々な気候帯の植物をひとつの国で保有することができる。当然、植物資源も豊富になる。とりわけ、チベット伝統医学に処方される薬用植物の宝庫と言っても、言い過ぎではない。この国に薬用植物が多いのは、シノ・ヒマラヤの中核に位置するという立地条件からである。「シノ・ヒマラヤ」つまり「中国のヒマラヤ」は、北西部以外のヒマラヤから中国横断山脈周辺までを指し、その地域は湿潤なユーラシア東部の植物種が分化した中心地と考えられている（吉田 二〇〇五）。現在、園芸種として利用されているサクラソウ属、ユキノシタ属、メコノプシス属、そしてリンドウ属も、このシノ・ヒマラヤ地域を特徴づける植物と数えられている。

雨季にあたる八月に龍の背をトレッキングした。首都ティンプーの南、ダガナ地方の四〇〇〇メートル付近を縦走した。本格的に気温が高くなるこの時期の雨は、毎日が「催花雨」となる。正確には「催草雨」とした方がよいかもしれない。毎日、ヤクが食べた分の草が、また生えてくる。もちろん、花々もせわしない。一度に「幻の花」、「高嶺の花」、「珍花」などの枕詞をつけなくてはいけない花々が、トレッキングルート沿いに登場してくれる。そんな時である。

確かに、「何も何も、小さきものは、いとうつくし」（『枕草子』第一五五段「うつくしきもの」）である。しかしである。軽度ではあったが、高山病症状のめまい、頭痛、集中力欠如のトレッカーとなっている時である。ハルリンドウを可能な限り小さくしたような *Gentiana crassuloides*（リンドウ科）が、こちらを向いていた。しかもツツジ属の低木に隠れるように。そんなところで咲いたりしないでほしい。たまたま別の花の写真を撮影しようと、しゃがんだ時に目が合ったので気づいたが、そうでなければ完全に通り過ぎている。別にたいした花でないと言えばそれまでだが。

眼が慣れ始めると、あちこちに咲いている。ツツジ属の低木の下に隠れているせいか、多少徒長しているように思える。しかし、それ以外は、やはり小さくてもハルリンドウと同じパーツで出来ている。花は花茎の先端にひとつ。花冠は放射相称形で筒状。先は五裂し、花冠裂片

小さきもの。腎叶竜胆がこちらを見ている（ブータン・ダガナ近郊標高 3820m, 2007 年 8 月）

の間にはわずかに副片がある。中国では「腎叶竜胆」とあるように、叶（葉）はきれいな腎臓形をしている。

なぜそうしたのか、それともなぜそうなったのかはわからないが、ここに咲く仲間の一部は、シノ・ヒマラヤからから東方へ。そして陸続きだった隙を狙ってか狙わずか、朝鮮半島から九州へ。阿蘇の火を見て時には火に焼かれ、草原の回廊から踏み外さないように東濃へ。恵那キャンパスでは湿地周辺の森林化できない場所や、人工的に造成された法面といった草地を今は安住の地としている。

シノ・ヒマラヤでは、恵那キャンパスの花々と「同じであって、同じでないもの」によく出会う。

残雪のかがやき

国道一九号線を恵那キャンパスに向かう。

晴れていれば、内津峠を越えたところで、正面に中央アルプスの残雪を見ることが出来る。

しかしフロントガラス越の日射しは、もう暑い。

周伊勢湾の奇木珍草

東海地方には固有種、準固有種が多いことが知られている。このことは新しい話ではないようである。大正九年（一九二〇）に刊行された『吾帝国に珍しき愛知県産の草木の話』（梅村　一九二〇）のタイトルどおり、すでに大正時代には東海地方には他の地域にはない奇木珍草が生えていると記載されている。この書籍には、更に遡ること一〇〇年前のヒトツバタゴ（*Chionanthus retusa*　モクセイ科）の発見記載がある。一八二五年本草家水谷豊文が、東春日井郡（一八八〇～一九七〇年まで、現在の小牧、春日井、瀬戸、尾張旭あたりに位置した）で「タゴ（標準和名：トネリコ）」に似ているが複葉を持たない、単葉のこの樹をヒトツバタ

中部大学春日井キャンパスに植栽されている東海丘陵要素の代表種ヒトツバタゴ（一つ葉タゴ，別名ナンジャモンジャ）（2003 年 5 月）

ゴ（一つ葉タゴ）と命名している。この著書には、ヒトツバタゴ以外にもナガバノイシモチソウ（長葉石持草、*Drosera indica* モウセンゴケ科）、ハナノキ（花の木、*Acer pycnanthum* カエデ科）の記載がある。これらを梅村甚太郎は「奇木珍草」と表現しているが、現在では「東海丘陵要素」と呼ばれている（植田一九八九）。

東海地方の丘陵地、台地の低湿地やその周辺の痩せ地でのみ出会える、固有もしくは日本ではこの地方が分布の中心となる植物一五種を植田（一九八九）が、「東海丘陵要素」と呼び、その生育地域を「周伊勢湾地域」としている。この一五種の植物は実に雑多である。シデコブシ、シラタマホシクサ（白玉星草、*Eriocaulon nudicuspe*　ホシクサ科）、ミカワバイケイソウ（三河梅蕙草、*Veratrum stamineum* var. *micranthum*　ユリ科）のように周伊勢湾地域に固有のもの。トウカイコモウセンゴケ（東海小毛氈苔、*Drosera tokaiensis*　モウセンゴケ科）のように周伊勢湾地域で起源したと考えられ、分布の中心が岐阜県東濃となっているもの。一方、前述したヒトツバタゴのように中国、朝鮮半島にも自生し、日本では対馬の北端（上対馬町鰐浦）と、そこから七〇〇キロ以上しかも海を隔てて岐阜県東濃の二カ所にだけ不連続分布しているものがある（岐阜県博物館　二〇〇〇）。

このように起源の異なる雑多な東海丘陵要素であるシデコブシ、ヘビノボラズ（蛇不登、*Berberis sieboldii*　メギ科）、モンゴリナラ（*Quercus mongolica*　ブナ科）、トウカイコモウセンゴケ、ミカワバイケイソウ、シラタマホシクサ、ウンヌケ（*Eulalia speciosa*　イネ科）（南ら二〇〇四）が、恵那キャンパス内に集まっていることがおもしろい。

ヘビノボラズ

シャイな気むずかし屋

ヘビノボラズ（蛇不登）*Berberis sieboldii*
メギ科 Berberidaceae

貴重な湿地のへりややせた土壌に生える高さ八〇センチほどの落葉性木本。灰褐色の枝には各節に鋭いトゲが数本ずつあって、ヘビも登ることができないと、「蛇不登」の和名がつけられた。「鳥留まらず」の別名もある。長さ三～九センチの葉の縁にも細かいトゲ状の鋸歯をつけて、完全武装しているかのようだ。その姿からか花言葉は「気むずかしさ」。けれど気むずかし屋ほど意外にシャイなことが多いもの。武装した姿とは裏腹に、森に新しい緑が芽ぐむころ、枝葉の下側に隠れるかのように、濃い黄色の総状花序が下を向いて垂れ下がる。花を持ち上げ眺めると、花弁、蕚片ともに六枚。直径八センチほどの小さな花は、ろう細工か和菓子のように緻密で、愛らしさがにじみ出ている。秋には長楕形の小さな果実が真っ赤に美しく熟し、湿地の片隅をひっそり彩る。風変わりな名前以外あまり人の口にのぼることもないこのような木本もまた、開発の波に追われ姿を消しつつあることを、心の片隅に留めておきたいものだ。

東海丘陵要素。花期は四月下旬、小さな果実が真っ赤に美しく熟したところを見たければ一〇〜一一月。トリムコースNo.1の下の湿地、No.19〜20の湿地帯縁の二カ所で数株ずつ確認できる。時々、草刈り作業の勢い余って刈り取られている時もあるが、根元から緑色の枝を伸ばしているので、よく見ればわかる。

絶滅危惧Ⅱ類（岐阜県）、危急（愛知県）。

（文・溝口）

国道三一八号線

成都から国道三一八号線を更に西に向かう。国道三一八号線は上海を起点とし、湖北省、重慶、四川盆地を横断し、成都を抜けた後は横断山脈の渓谷にのみ込まれていく。本格的にチベット高原に入った後はヤルツァンポ河と並行に、左手にグレート・ヒマラヤの白銀の背を仰ぎながら、最終的には樟木（ネパール国境の街）に至る。ほぼ北緯三〇度に沿った、全長五三四〇キロ以上、高低差五〇〇〇メートル。数字を見ただけでも息苦しくなる。

成都（標高四九四メートル）から伸びた国道三一八号線は、二郎山隧道（標高二〇七二メートル）を抜けると、一気に瀘定（標高一三二〇メートル）まで下る。この街の中心を流れる大渡河にかかる瀘定橋は、後に長征と呼ばれた毛沢東が率いる共産軍によって奪取に成功したことで有名な革命関連の史跡となっている。濁流渦巻く大渡河の右岸を更に横断山脈の奥へと標高を上げながら進むと、康定（標高二九四八メートル）というチベット高原の東端に位置する商業の中心地に到着する。初夏がようやく訪れた七月に、この街を拠点に大黄《ダイオウ》という薬用植物を探したことがある。康定の街で国道三一八号線と分岐すると、白銀の貢嘎山（標高七五五六メートル）が姿を現し更に南に下ると、新楡林（標高二八七一メートル）というチベット人の村がある。そこでガイド、馬方を雇い、チベット馬にまたがりその村の背後の山を越えた。馬にまたがったのは、「高度、山道に慣れてないので、一日で戻って来られない」という理由からである。その後、三時間も鞍、鐙《あぶみ》なしの馬にまたがり踏ん張った。初めての乗馬経験にして、初めての落馬も経験した。初めて体験する高度に加え、岩場の上り下りを繰り返すたび変な力が入る。ようやく馬を降りることを許されたのは、標高三四二三メートルのチベット馬の放牧地であった。ここからは徒歩で更に斜面を上り目的の大黄を採取することができた。

目的を果たしたせいか、放牧地に戻ってみると、到着した時には気づかなかった色とりどりの高山植物が浮かび上がってきた。サクラソウ、キンポウゲ、ゴマノハグサ、ショウブなどなど。放牧地のため草原化してしまった中に、何種類かの低木が確認できた。その中にちょうど黄色い蝋細工のような緻密な花をつけた低木が確認できた。名前は調べきれなかったが、明らかにヘビノボラズと同じメギ属（*Berberis sp.* メギ科）だった。メギ属は中国四川省、チベットに多く自生しているが特に横断山脈に多い。

和名のメギ（目木）は枝葉の煎汁を眼病の治療に用いたためと言われている。洋の東西を問わずなんらかの薬効を期待して使用されている。ヒトには効能のある成分が、もしかするとチベット馬達にとっては、忌避物質もしくは有毒になっているのかもしれない。それとも枝に棘があるからか。

四川省新楡林・チベット馬放牧地（標高 3423m）のメギ属（2004 年 7 月）

いずれにしても二重に防御したこの植物は、チベット馬にとっては「気むずかし屋」として、採食の対象となっていないのかもしれない。

ヘビノボラズの国内分布は、宮崎、近畿、周伊勢湾地域ということからも大陸と日本が陸続きだった頃に、移入してきたと考えるのが妥当だろう。中国四川省とチベットをまたぐ横断山脈（シノ・ヒマラヤの一部）を起源と考えられている植物の多くは東へと分布拡大し、日本にも移入してきたと考えられている。頭の中で横断山脈の放牧地と恵那キャンパスを国道三一八号線で結ぶ、そんな妄想を描いていると自然と口元が緩んできた。

国道三一八号線はもっと西にも伸びている。だからもっと西を見たくなる。

氷河期遺存種

ミカワバイケイソウ（三河梅蕙草）*Veratrum stamineum* var. *micranthum*、ユリ科 Liliaceae

この植物には、こんな物語がある。かつて氷河期にコバイケイソウ（小梅蕙草、*Veratrum stamineum* ユリ科）が、北方から周伊勢湾地域に南下してきた。そして氷河期が終了した後、暑さを避けてあるものは北上し、またあるものは山岳地帯へと移動した。その中、一部のものが周伊勢湾地域の谷筋や湿地に遺存し、帰った仲間達と異なる時間を過ごした。その結果、母種であるコバイケイソウよりも葉は細く花は小型化し、ミカワバイケイソウという変種へと分化していった。北方系起源のミカワバイケイソウが周伊勢湾地域の比較的温暖な場所に定着できたのには理由がある。ミカワバイケイソウが生育している場所は、いつも地下水が滲み出している谷筋や湿地の周辺が多い。そこは、地中温度があまり高くならない。それに地下水の滲み出す周辺は落葉樹が多く生えている。ミカワバイケイソウは三月中旬になると地中から葉芽を出す。この頃は気温も低く、まだ周辺の広葉樹の葉は十分に展開されていない。この隙に急

ミカワバイケイソウ

速に成長を始め四月下旬から五月下旬にかけて草丈もほぼ最高に達して花をつける。この頃、周囲の落葉広葉樹は葉を茂らせミカワバイケイソウの生育地に降り注ぐ日光は遮断される。気温が本格的に高くなってくる六月以降は地上部のほとんどが黄化し、その姿を消す。母種であるコバイケイソウが六〜八月に開花する形質を変種のミカワバイケイソウは、春先の短い時間に短縮させることによって低地でも生育できるように適応した結果と考えられている（岐阜県博物館学芸部自然係編　二〇〇〇）。つまり、周伊勢湾地域の谷筋や湿地は、偶然にもミカワバイケイソウにとってのレフュージア（避難地）としての条件が整っていたことになる。

東海丘陵要素。山地から亜高山帯の湿原に群生する多年生草本。茎は高さ〇・五〜一メートル。茎頂に太い円錐花序を立て、白色花を多数密につける。

花期は五月下旬。しかし、毎年は開花しない。トリムコースNo.3〜4、No.9〜10、No.19〜20の沢筋に群落を形成。

絶滅危惧Ⅱ類（環境省、岐阜県）、危急（愛知県）。

レフュージア

七月下旬に季節を遡るように野麦峠（岐阜県高山市高根町）へと出かけてみた。野麦峠へと続く県道三九号線から外れて山肌を切っただけの林道で車を停める。ここから徒歩で林道脇から急斜面のササ帯を下り、ミズナラ、シラカバ林へ。ここまで来ると樹々の葉が擦れる音は遥か頭上になるので、渓流の音がよく聞こえ始める。渓流沿いでは目立たない花をつけたバイケイソウ（梅蕙草、*Veratrum album* subsp. *oxysepalum*　ユリ科）が立っている（標高一五五〇メートル）。

岐阜県野麦のバイケイソウ（標高 1550m のダケカンバ林，2009 年 7 月）

コバイケイソウと同じ属で、その名に「小（コ）」がついていない分、草丈は六〇～一五〇センチと、より大型の多年生草本で本州以北、サハリン、千島、中国東北部の山地の林下や湿った草原に生える。七～八月に大型の円錐花序をつけるが、花被片は緑白色で目立たない。背丈があるから花が咲いていることを知ることができるが、これで背が低ければ花もろとも完全に踏みつけられている。

同じ七月にサハリンまで行くとレスノー村オホーツク海岸でバイケイソウを眺めることができる。北緯四六度五四分の海抜〇メートルのサハリンのオホーツク海岸から北緯三六度三分の野麦峠まで南下すると、バイケイソウは標高一五五〇メートルの野麦にまで避難しなくては生育できなかったようである。日本国内に自生する高山植物のほとんどがバイケイソウと同じ氷河期遺存種である。氷河期に北方より南下しその後の温暖化の際北上しなかったものは、レフュージア（避難地）として高山帯、亜高山帯に避難しそのまま定住してしまった。そのため高山帯、亜高山帯は、温暖な低地に浮かぶ孤島のような環境となってしまった。寒冷な孤島に取り残された植物達はそれぞれが遺伝的に隔離され、その後山系ごとに独特の進化をとげた。

このことからも、たかだか標高三〇〇メートルの恵那キャンパスの谷筋に、氷河期遺存種ミカワバイケイソウが遺存していることは他に例をみない。この地がミカワバイケイソウのレフュージアとなったのは、地史的年代スケールでのイベントがサムシング・グレート（偉大なる何者か）となったためかもしれない。

北緯 46 度 54 分海抜 0m のサハリン・レスノー村
オホーツク海岸に立つバイケイソウ（2006 年 7 月）

薄暑の風

新緑も気がすんだのか、枝葉の伸びる勢いが止まった。少し汗ばむようになってきたが、まだ身体が暑さに慣れてないせいか、動くのが少し億劫になる時もある。

林縁で風をまわす

カザグルマ（風車）*Clematis patens*　キンポウゲ科 Ranunculaceae

ほかの樹木にからまりながら、今年伸びた蔓から長い花柄を出し、その先に大きな花を上向きに咲かせている。名前の由来はこの様が玩具の風車に似ていることから。日本の野草の中でも大型の花だが、花びらに見えるのは実は萼で、花びらは退化していてない。紫色で細長い多数の葯が、白く大きな八枚の萼の真ん中で映える。

花の後の黄褐色のそう果は、毛糸玉のようにくるくると渦巻いていて、「ここで林の風を回していました」とでも言いたげだ。方言名のランプミガキはこのそう果をランプのホヤ磨きに

カザグルマ

見立てて。その他にカゼクサ、カザクサ、クルマバナなど。

美しい花姿のカザクルマは江戸時代から様々な園芸種がつくられていたという。近似のテッセンは中国原産、萼片は六枚でやはり多くの園芸種がある。また街の花屋さんで人気のクレマチスはセンニンソウ属の園芸種のことで、テッセンやカザグルマはその代表的な原種だ。落葉性のつる草。

花期は五月下旬。グラウンド下の法面をためらわずにまっすぐに降りたところに密に咲く。

準絶滅危惧（環境省）、

絶滅危惧Ⅱ類（岐阜県）

（文・溝口）

咲くとき、ぽんといいそうな

キキョウ（桔梗）*Platycodon grandiflorum*　キキョウ科 Campanulaceae

恵那キャンパスの森の縁。茂る草木に混じって八〇センチを優に超えて伸び、しなだれ、飄々と咲いている。自由な風に吹かれ、野の花の「気」をたっぷりと蓄えている。以前、この花が咲くことで知られる寺院の美しい庭で眺めたキキョウと、今眼の前で出会っている花は同じ花なのだろうか。

蕾はぷくりとふくらんで、この花の名と共に教えられた句が思い出される。

桔梗の花　咲くとき　ぽんと言ひそうな　　千代女

山上憶良の秋の七種の歌に詠まれているアサガオはこのキキョウのこと、また古名の阿利乃比布岐は、アリが山野の草地に生えるこの花をかむと蟻酸の影響で赤く変色することによるといわれる。方言名に残るボンバナ（盆花）は、かつてお盆に飾る花として摘まれた風習の名残だろう。

キキョウ

この花の特徴は、開花しても雄しべが先に開いて柱頭が開かず、自家受粉ができない雄性先熟の花であること。属名の*Platycodon*は「広い鐘」の意。太い黄白色の根は扁桃腺炎や咳、はれものに効く。多年生草本。

花期は七月下旬から。トリムコースNo.2~3の右手斜面の湿地を越えたところ。

絶滅危惧Ⅱ類（環境省）、準絶滅危惧（岐阜県）。

（文・溝口）

記憶にとどめたい日本の色

トキソウ（朱鷺草）*Pogonia japonica*　ラン科 Orchidaceae

身を低くして横向きに咲いたトキソウと向き合う。野に咲く花は、ラン科といえどもその色香がほのかだ。それは先ほどまで走り回っていた少女の、晴れ着を着て少しばかり紅をさしてもらった後に見せるすまし顔のように。

草丈はくるぶしからすねくらい。花の下には、苞と呼ばれる花芽を保護する変態葉がある。上に伸びる背萼片と左右に広がる側萼片二枚がはばたく鳥を連想させる。花の中心にある兜状に重なった二枚の側弁花と黄色い突起が目立つ唇弁が控えめだがランの華やかさを感じさせる。多年生草本。

日当たりのよい酸性の湿地に生育し、高さは一五～三〇センチ、細い茎には、線状狭楕円形の葉が一枚。和名は花色がトキ（朱鷺・鴇／学名＝ *Nipponia nippon*）の羽の色に似ることからつけられたが、実際の花色はトキの風切羽より紅紫色が濃いようだ。日本国内で野生絶滅して

トキソウ

しまったトキの風切羽の色を、この花をしるべにして覚えておきたいものだが、この花もまた絶滅種に数えられている今、朱鷺色という日本の美しい色名さえも人の心から消えていくのかもしれない。

花期は六月中旬。トリムコースNo.3～4の右手の湿地にそっと近づいてみると見えてくる。

準絶滅危惧（環境省）、絶滅危惧Ⅱ類（岐阜県）、危急（愛知県）。

（文・溝口）

審美眼を問う

ササユリ（笹百合）*Lilium japonicum*　ユリ科 Liliaceae

たっぷりの白。少しの赤。ほんのわずかにオレンジ。これらの絵具を静やかに混ぜると恵那キャンパスに咲くササユリの花の色になる。「見惚れる」ということが一生に何度あるものかわからないが、この花に出会ったとき相手が物言わぬものであることをいいことに、足場を確かめながらいろんな角度から眺めつくした。大きな花の重みで心もち傾いた後ろ姿も、見る者の美しさを見極める力を問うているかのようだ。美しい女性をたとえる時に使う常套の「歩く姿」も頭に浮かぶが、野のササユリはただすっと立ち、一定の距離からは近寄らせない気配を保ち続けていた。

和名の笹百合は互生につく艶のある葉の形が笹に似ることから。高さ五〇センチから一メートル近くに伸びた茎の先に、六枚の花弁の先を反り返したいわゆる漏斗型の花が一輪か二輪つく。葯は赤褐色。鱗茎、いわゆる百合根は卵形で白色。多年生草本。

ササユリ

山に咲くユリの代表種は中部以北ならヤマユリ、以西ならこのササユリで、日本の古典や万葉集に一〇首詠まれているユリは主にこのササユリとされている。別名はサユリ（小百合、早百合）、花色に白、紅紫のものもあり、葉も幅などに変化がある。花言葉どおり、香りも「清浄」で「上品」。

花期は六月。グランド周辺草地の中に身を潜めている。

（文・溝口）

源平の危惧

敵将に後ろを見せ逃げる平敦盛を追い、首を切った熊谷直実の悲話は「敦盛最期」（『平家物語』）として語られている。両者が描かれた絵巻などには必ずその背に母衣《ほろ》が描かれている。背面からの流れ矢を防ぐために背負っていたのが母衣である。袋状の唇弁が母衣に似ることから紅顔の若武者平敦盛に見立て、優しげな姿のアツモリソウ（敦盛草、*Cypripedium macranthum* var. *speciosum*　ラン科）、がっしりとした姿のクマガイソウ（熊谷草、*Cypripedium japonicum*　ラン科）の名をあてた。両種共、その姿の優美さとその名の由来から、栽培、売買を目的に乱獲されることの多いラン科植物。その中でも最も激しく乱獲された二種といえる。アツモリソウ、クマガイソウの両草とも、現在、絶滅危惧II類となっている（環境省　二〇一〇）。しかしここでも判官贔屓のためか、その姿がクマガイソウに比べ優しいせいか、アツモリソウは平成九年「特定国内希少野生動植物種」に指定され、現在では環境大臣の許可をうけた場合などの例外を除き、採集等は原則禁止。一年以下の懲役または一〇〇万円以下の罰金に処される。クマガイソウよりも贔屓されているようにも思える。アッモリソウの花よりも濃厚な赤紫で大きさも一回り大きいので、ホテイアツモリ（布袋敦盛、*Cypripedium macranthum* var. *hotei-atsumorianum* ラン科）という、「縁起のよさ」と「悲哀」が同居したような名の植物がいる。絶滅危惧I

押収されたホテイアツモリ（ロシア科学アカデミー・サハリン植物園，2006年7月）

類に指定され、本州中部の亜高山帯に自生し、やはり乱獲の対象となっている。

花の盛りの七月。ロシア科学アカデミー・サハリン植物園を案内してもらえる機会があった。さすが北の果ての植物園だけあって、北方系植物の花々が咲き競っていた。園内施設の片隅の目立たない場所に、鉢植えにされたホテイアツモリが黄色のコンテナーの中に窮屈に詰め込まれ、無造作に積み上げられていた。サハリンでは採取禁止になっているが、一株五〇〇ルーブル（一ルーブル＝三・八円）で取引されているとのこと。ユジノサハリンスク駅前のキオスクでウォッカを買うと七五〇ミリが一〇〇ルーブル。一株採取するだけでちょっとした飲み代を稼げる。冷戦を集結させた改革の風は、この島に住むヒト以外の生物をも揺らしたようである。我々に同行しているガイドによるとペレストロイカ以降、全島で動物、植物の密猟が激増したという。ホテイアツモリは昭和初期に刊行された『樺太植物誌』（菅原　一九七五）には、「海濱草原地に生ず、内陸にも産す」とあり、さほど物珍しい植物でもなかったようである。また樺太内での産地は「南樺太全域」、「北樺太　西海岸五一度付近小アレキサンドル河畔（平良）」となっていることからも、かつては島内ほぼ全域に分布していたことが伺える。

時折、恵那界隈のヒトから「子供の頃は、トキソウ、サギソウは、田んぼ周りにいくらでもあった」と、「ササユリは、路傍の雑草だった」と、さほど遠くない昔語りを聞く。それだけに恵那キャンパス内に咲くトキソウやササユリを見せる時にはヒトを選ぶ。日頃から自分のものと錯覚するときもあるので、勝手に触られたくないと思っている。結局は、ヒトの欲望には海峡も国境も関係ないようである。こんなことを言う自分もまたその一人だが。サハリンに来れば北海道では少なくなった植物を自由に貪ることができると思い込み、宗谷海峡を越えたのだから。

盛夏の祈り

烈日に焼かれた草の熱気でむせ返りそうになる。湿地では、皮膚に湿気がまとわりつく。小さなもの達に出会えた時、氷をひとかけら口に入れた時のように、熱が引いて行く感覚となる。常永久《とことわ》に。

土岐砂礫層湿地

河と川、草原と草地、岳と山、森と林。現代人には同じものとして映る風景が、先人は別のものとして区別したのだと思う。湿原と湿地も今更ながらその使い分けに迷う。両者は広義な意味で同義語として扱われている。広木（二〇〇二）がMatthews（一九九三）による湿原と湿地の使い分け方を記載してくれている。「湿原」とは泥炭（植物残渣が分解せずに堆積した有機質土壌）の上に発達した主に草原状の植生を意味し、「湿地」とは最近では湿原、湖畔や湖

湧水が涵養し形成された小規模で泥炭層の堆積のない貧栄養な土岐砂礫層湿地。春まだ早く湿地の植物は未だ芽を出さない枯草色（2003 年 4 月）

沼、塩性湿地、マングローブ林、干潟、深さ六メートル以下の灌水域、水田など広範囲に及ぶ湿性な立地の総称。従って本来湿原と湿地は同義語ではないと紹介されている。更に広木（二〇〇二）は、東海地方の泥炭が堆積しない湧水によって涵養され鉱質性土壌上に成立し、開水域を有するものを湧水湿地としている。ただしすべての湧水性の湿地を示さず、東海地方から西日本にかけて広く分布する砂礫層や花崗岩地帯の貧栄養な開水域を持ち、Gore（一九八三）が区別する草本の生えた湿地を示す際にのみ用いている。湿原と湿地は使い分ける必要があり、使い分けた方が相手にもそれぞれの風景が伝わり易くなる。

土岐川・庄内川流域圏には、第三紀末（約一八〇〇万年前）の東海湖を起源とする東海層群の地層からなる丘陵地が広く発達し、この地質に起因した小規模で泥炭層の堆積のない貧栄養な湿地が一〇〇〇以上存在すると推定されている（岐阜県博物館学芸部自然係編　二〇〇〇）。特にこのような湿地は、上流域の東濃地方の丘陵地や高原の土岐砂礫層に集中している。この土岐砂礫層とは鮮新世の末から更新世にかけ、昔の木曽川により上流から運搬された砂や礫などが川沿いに堆積し作られたものと考えられている（岐阜県博物館学芸部自然係編　二〇〇〇）。そのため、この地域に点在する小規模で泥炭層の堆積のない貧栄養な湿地のことを、土岐砂礫層湿地と呼んでいる。土岐砂礫層湿地は、水を浸透させにくい粘土質の層と水を浸透させやすい砂礫質の層が積み重なっている。地下水脈が地表に湧出して土砂崩れを起こしたり、イノシシが砂浴びしたりして、地表が剥がれた場所に湧水が涵養し形成された「湧水湿地」である（愛知県環境部自然環境課　二〇〇七）。

このような湿地環境が食虫植物モウセンゴケ（毛氈苔、*Drosera rotundifolia*　モウセンゴケ科）や東海丘陵要素（植田　一九八九）、この地域の準固有種「飛べない泳げない水生昆虫ヒメタイコウチ（*Nepa hoffmanni*　タイコウチ科）」（南ら　二〇一〇）をはじめとする土岐川・庄内川流域圏の生態系を特徴づける生物種の主な生育地となっている。土岐砂礫層湿地は、時に畳一畳程度と、どれもたいへん規模が小さく、そのため遷移の進行が早く数十年程度で消滅すると言われている（愛知県環境部自然環境課　二〇〇七）。更に、周辺の森林の成長による湧水量の減少、植物の進入、それ以上に工場地、住宅地化など流域圏民の手によって消滅させられている。そして流域圏のかけがえのない財産であることに目覚めた流域圏民によって保全されてもいる。この土岐砂礫層湿地は、恵那キャンパス内でも数カ所確認できる。

湿地の赤い絨毯

モウセンゴケ（毛氈苔）*Drosera rotundifolia*　モウセンゴケ科 Droseraceae

貴重な湿地だから踏み込むひと足ひと足に神経をとがらせ、しゃがみこむ位置を決める。のぞき込む。見つけたのは赤い腺毛をつけたモウセンゴケ。地中から直接生えるようにしゃもじ形の根生葉がロゼット状に広がっている。腺毛の先には小さな水晶玉が輝いている。人の目には水晶玉に見える粘液だが、虫にはおそろしいとりもちとなる。

酸性で貧栄養の湿地に生えるモウセンゴケは、光合成だけでは補えない栄養分を、虫を捕えて消化吸収することによって補っているのだ。

夏のはじめ、地面に広がる葉の真ん中からまっすぐに細い花茎を伸ばす。高さは二〇センチほど。その先の花序はぜんまいのように巻いていて総状に花を数個つける。直径一ミリほどの可憐な五弁の白い花は、下から順々に風に揺られながら天を仰いで咲いていく。

名前の由来は一面にはえると赤い毛氈を敷いたようにみえることから。方言名にはハエトリ

モウセンゴケ

グサ、ムシスイグサ、ムシトリグサ。日本全土に分布する。多年生草本。

花期は五月下旬より。トリムコースNo.1の下湿地、No.2～3湿地、No.19～20の南側湿地など日当りのよい湿地をのぞき込んでみる。

（文・溝口）

種の融合

新しい種が誕生するのは、既存の種から新たな種が分岐するという考えを持ってしまう場合が多い。これは小学校の理科の教科書などから、進化史の関連性をわかり易く表現するために採用された「生命の樹」（祖先種からいろいろな種が分岐して、新種が誕生していくのを枝の分岐に例えた）が刷り込まれてしまっているためだと思う。しかし被子植物のおよそ半分は雑種起源（異なる種どうしの交配によって新種が誕生する）とされていることから、雑種形成による種分化は多様性と進化について重要な機構ということになっている（Arnold 1997）。モウセンゴケの仲間には雑種形成によって種分化したトウカイコモウセンゴケ（東海小毛氈苔、*Drosera tokaiensis*　モウセンゴケ科）とナガバノモウセンゴケ（長葉の毛氈苔、*Drosera anglica*　モウセンゴケ科）がいる。二種ともモウセンゴケが片親となったと考えられている。

トウカイコモウセンゴケは日本固有種で東海丘陵要素のひとつに数えられている（植田一九八九）。分布は、その名のとおり東海地方を中心とし、本州（近畿地方、富山県、石川県、

切り割りされた林道沿いの露頭で生育する東海丘陵要素トウカイコモウセンゴケ（モウセンゴケとコモウセンゴケの雑種）（2004年5月）

岡山県）四国（香川県、高知県）でも一部確認されている（植田 一九八九）。厳密には恵那キャンパス内にトウカイコモウセンゴケは自生していない（十分に生育地としての条件が整っていると思われる場所はいくつもあるので、自生しているが見つけ出せてないだけかもしれない）。しかし、恵那キャンパス北側、クリスタルパーク恵那スケート場沿いの山道沿いに多くのトウカイコモウセンゴケが自生している。このモウセンゴケの仲間はモウセンゴケとは異なり、やや乾燥した場所を好むようで、湧水で表面が濡れている裸地に自生している。花期は六

～九月で花弁は淡紅色をしているので、花期ならばモウセンゴケとすぐに区別がつく。葉はロゼット状で父親のモウセンゴケのスプーン型葉と母親のコモウセンゴケのヘラ型葉の中間的な形態（中村・植田 一九九一）を示しているので、慣れなくては見分けにくいかもしれない。しかし葉がモウセンゴケのように斜めに立ち上がらずに、ほぼ地面と水平に寝ているので、こちらの形質に注目する方が見分け易いかもしれない。

トウカイコモウセンゴケが誕生するには地質年代的スケールの時間を必要とした。モウセンゴケの仲間の起源は南半球で、複数回に渡って北半球に分布拡大したと考えられている（Rivadavia et al. 2003）。また現在の分布域がモウセンゴケは北半球の温帯及び亜北極帯、コモウセンゴケはオーストラリアから東南アジア、日本と南北に分布している。これらのことを総合して日本国内にはモウセンゴケは北方から、コモウセンゴケは南方から分布域を拡大してきたと考えられる（Ichihashi・Minami 2009）。また、両親の系統関係を明らかにするために、葉緑体ＤＮＡの*rbcL*という遺伝子領域の比較をした。その結果、トウカイコモウセンゴケの両親種であるモウセンゴケとコモウセンゴケは同じ系統群に属し、モウセンゴケ属内で近縁な関係であることが明らかになった（Ichihashi・Minami 2009）。しかし淡紅色の花弁、葉が立ち上がらないことなど、トウカイコモウセンゴケの形態的特徴はモウセンゴケよりもコモウセンゴケに類似している。このことは母親の血を多く引き継いだように思える。両親のモウセンゴケとコモウセンゴケは近縁であることから、起源した年代、場所は近かったと推定できる。しかしモウセンゴケは北方系、コモウセンゴケは南方系ということから、日本国内に分布してくる時の道筋は違ったということになる。

黒川湿原

ナガバノモウセンゴケを探すために、船で国境を越えてサハリンへ。ユジノサハリンスク（旧豊原）から北へ五〇キロ。かつて黒川湿原と呼ばれていた高泥炭地湿地に着いた。ダケカンバ（岳樺、*Betula ermanii*　カバノキ科）、トドマツ（椴松、*Abies sachalinensis*　マツ科）の林を抜けると、日本なら高山に生え、ちやほやされるはずのワタスゲ（綿萓、*Eriophorum vaginatum*　カヤツリグサ科）、ヤナギラン（柳蘭、*Chamaenerion angustifolium*　アカバナ科）の前を素通りして、いよいよ湿地の中心へ。ぬかるみを覚悟して、足元に神経を集中。しかし拍子抜け。この夏は雨が少ないとかで、高層湿原特有の泥炭は干上がっていた。地元のベリー採取の人たちに踏み固められた通路沿いのイソツツジ（磯躑躅、*Ledum palustre* subsp. *diversipilosum* var. *nipponicum*　ツツジ科）の根元でモウセンゴケがあっさりと見つかった。やや乾きぎみの泥炭地があれば必ずそこで丸葉を広げていた。

これといって高いところも低いところもない湿原の景色に飽きた頃、小さな沼の水面すれすれの場所に長卵円形の葉を立ち上げたナガバノモウセンゴケがいた。千島、サハリンをはじめ、北半球の冷帯から温帯にかけて広く分布する。日本では北海道と尾瀬の一部にだけ自生し、葉身は狭いヘラ状で七〜八月に白い花をつけ（北村・村田　一九六一：小宮　一九九六）、絶滅危惧Ⅱ類に指定されている希少種。ナガバノモウセンゴケは、モウセンゴケと *Drosera obovata linearis*（モウセンゴケ科）の雑種と考えられている（Rivadavia et al. 2003）。坦々と続く湿原の中を足元の花への執着が薄れる中、風と日陰を求めて淡々と歩き始めた。

サハリン・黒川湿原のナガバノモウセンゴケ（2006年7月）

　サハリンのモウセンゴケを持ち帰り、恵那そして阿蘇の葉緑体ＤＮＡ遺伝子領域の塩基配列を比較してみた。すべて同一の遺伝子配列となった。つまり、サハリンから日本国内の恵那、阿蘇に分布するモウセンゴケには、遺伝的な変異がないと考えられた。つまり、北はサハリンから南は阿蘇までが同一の遺伝的集団で、しかも比較的短期間に分散し、分布域を拡大したと考えられた（Ichihash・Minami 2009）。モウセンゴケは北方ではナガバノモウセンゴケを、南下して東海地方ではトウカイコモウセンゴケの雑種の片親となりながらも、比較的短期間に日本国内に分布域を広げたようである。

サハリンから帰って以来北方のモウセンゴケばかりに、心が引き寄せられた。

亜熱帯の毛氈

以前、タイ東北部コーンケンから幹線道路を西に一時間程走ったところにある「プー・ウィアン国立公園」というジュラ紀の恐竜の化石で有名な場所へ行ったことがある。この時国立公園のパンフレットにモウセンゴケの仲間の写真が載っていたので、突如として「南方のモウセンゴケ」の虜となった。その時は雨季の亜熱帯林の中を這いつくばったが、出会えなかった。しかしタイから帰国後、南方のモウセンゴケのことは忘れてしまっていた。

八月、帰国ラッシュの人波に逆流して成田から飛び立った。ホーチミン経由でベトナム最後の王朝阮朝（グエン）（一八〇二〜一九四五年）の都が置かれたベトナム中部のフエに来た。市内に点在する王宮、寺院、皇帝廟などは一九九三年にベトナム初の世界遺産に登録された。このフエ市街地より海岸線の国道一A号線を四〇キロ南下した場所にパックマー国立公園がある。この国立公園は海岸線からラオス国境まで続いているため、植生は海岸線・低地の熱帯常緑性モンスーン林から高地（標高九〇〇メートル以上）の亜熱帯常緑性モンスーン林と垂直分布している。この国立公園の亜熱帯常緑性モンスーン林の中を薬用植物調査のために歩いている時だった。急に目の前が開けた場所に出た。湿潤状態な赤土の上には食虫植物のクルマバモウセンゴケ（*Drosera burmanni*　モウセンゴケ科）がいた。突然心の中の引き出しにしまい込み忘れていた「南方の毛氈」が目の前に現れた。東南アジアとオーストラリア北部に自生し、直径一・五～三センチ程度。コモウセンゴケ同様に葉柄と葉身の区別はむずかしく、全体にくさび形の葉はふっくらと密に重なり合っている。分子系統学的にはモウセンゴケ、コモウセンゴケよりも早い時期に分岐している。その分布域から推測しても、恵那のモウセンゴケよりは古い時期に種分化したものと思われる（Ichihashi・Minami 2009）。

モウセンゴケの仲間の歴史は古い。起源地は南半球のアフリカかオーストラリアにある可能性が高く、大陸移動に伴い南半球から北半球へと分布拡大したと考えられている。しかしゴンドワナ大陸が移動していた白亜紀にすでに現生属内で種分化していたとは考えにくいことからも（長谷部　二〇〇三）、大陸移動とは関係なく長距離散布により分布域を広げた可能性が高いと考える方が妥当とされている（Yokoyama et al. 2000）。

あるものは南半球に留まり亜熱帯常緑性モンスーン林の中でひっそりと、あるものは一旦北

ベトナム・パックマー国立公園亜熱帯常緑性モンスーン林の毛氈クルマバモウセンゴケ（標高 1136m，2008 年 8 月）

上した後南下し、時に雑種を形成しながら恵那キャンパスまで来て土岐砂礫層湿地に定着した。「グレート・ジャーニー」の結果モウセンゴケもトウカイコモウセンゴケも「いま・ここ」で、繊毛の先の水晶玉を輝かせている。そして、その横にはシラタマホシクサが輝いていた。

百年先にこの姿を

サギソウ（鷺草）*Habenaria radiata*　ラン科 Orchidaceae

つ～いと伸びた茎先に、繊細な切れ込みが入った翼を羽ばたかせた白い鳥が留っている。この花に出会う度、どうしてこんな美しい形を得たのかと問いたくなる。古来より人はこの花を鷺草（サギソウ、サギグサ）と呼ぶことで、この落ち着かない胸の内をおさめてきたのだろうか。一七〇九年に貝原益軒《かいばらえっけん》が著した『大和本草』にも既にこの名で残されている。

ラン科では特徴的な唇弁の側裂片がシラサギの翼部分、中裂片が頭部、上部の側裂片が尾羽を思わせる。芽は前年にできた地下の球茎から伸びてくる。下部の茎葉は線形で三～五枚、上部に少数の鱗片葉がある。高さ一五～四〇センチ。山野の日当たりのよい湿原に生える多年生草本。

環境省のレッドリストによると、現時点では絶滅の確率は低いが、園芸用の採集、湿地の開発、土地の造成等が原因で絶滅危惧に移行する可能性もある。野の花のいのちに出会うのに講釈はいらないのだろうが、最期の花と知らず「我が家のベランダ」だけで愛でてしまったらやはり切ない。

期は八月中旬から下旬。グランド法面湿地帯、No.3～4、No.19～20湿地帯で愛でることができる。

準絶滅危惧（環境省）、絶滅危惧Ⅱ類（岐阜県）、危急（愛知県）。

（文・溝口）

サギソウ

真夏の湿地に黄色い花を点々と

ミミカキグサ（耳掻草） *Utricularia bifida*　タヌキモ科 Lentibulariaceae

口惜しいことだけれどわれわれが普段眼にする植物に「名もない花」はもはやほぼあり得ない。それでも各国各地で古人がつけた名づけの妙にほくそ笑んだり気の毒がったり、同じ植物をみて生じる時空を超えた感情のやりとりが愉しい。それでこちらは「耳掻き」である。花のあと花柄とさく果を包んでいた萼が伸びて開出する姿からの名づけである。

湿地に生える食虫植物の仲間で、地中に伸ばした白い糸のような地下茎に小さい捕虫嚢をつけ、微生物を捕えて栄養にする。地下茎からところどころに地上に伸びる葉は線形で、花がないと湿地のその他大勢の草たちから見分けるのもむつかしい。食虫というと強者を巧みに捉えて生きるつわもののようだが、湿地という貧栄養の地で栄養を得て生きる術のひとつで、高さは五～一五センチと小柄な多年生草本。上部に数個つくわずか直径五ミリほどの鮮やかな黄色の花冠は唇形。その下のわずかに前に突き出した筒のような距を「巨人の私」が指先で触れると、草全体が小刻みに揺れる。分布は本州から沖縄まで。学名の Utricularia はラテン語の utriculus（小さな袋）が語源、彼の地でもやはり捕虫嚢に目がいったらしい。

花期は一〇月。トリムコース No.3～4、No.19～20で同属のホザキノミミカキグサ（穂先の耳掻草、*Utricularia racemosa*）と一緒に鑑賞できる。準絶滅危惧（岐阜県）。

（文・溝口）

ミミカキグサ

ホザキノミミカキグサ

グレート・ヒマラヤの麓

日本にはホザキノミミカキグサ、ヒメミミカキグサ（姫耳掻草、*Utricularia nipponica*）、ミミカキグサ、ムラサキミミカキグサ（紫耳掻草、*U. yakusimensis*）の四種類のミミカキグサ類が自生し、主に宮城県以南、太平洋沿いの暖地に分布している（北海道にムラサキミミカキグサが自生していた記録があるが、戦後確認されていない）。また世界的には東南アジア、アフリカ、北アメリカ東南部、南アメリカ、オーストラリアと、比較的温暖な気候帯から熱帯にかけての広い範囲に一五〇種類以上が自生しているとされている。そしてそのほとんどが、湿地の泥土や池沼の岸辺に自生し、まれに樹上や苔むした岩上に着生していることもある（食虫植物研究会一九七九）。

ネパールは、ヒマラヤの印象が強いせいか荒涼とした高原地帯や氷河、雪山をイメージされがちだが、実はカトマンドゥ、ポカラなどの主要都市郊外にはうっそうとした照葉樹や亜熱帯の森が広がる。

中央ネパール第二の街ポカラからセティ・ガンダキ川の支流沿いの悪路を遡ると、アンナプ

ネパール・フェディ近郊のミミカキグサ属（標高 1198m，2003 年 8 月）

ルナ山域の起点フェディに到着する。二〇〇三年八月にアンナプルナ山域で薬用植物調査を予定していたが、スケジュールが許さなかったので、このフェディ（標高一二二〇メートル）からダンパス（標高一七七九メートル）までのミニトレッキング・ルートで我慢した。フェディからはほぼ垂直な崖を削った石段が続き、前を歩く人のトレッキングシューズがちょうど目線の高さになっていた。この石段の所々に水が湧き出ていて、ちょっとした湿地と呼ぶにはあまりにも小さい、それこそ掌を広げた程度の水たまりがあった。そこには薄黄色の花弁をつけたミミカキグサの仲間（*Utricularia* sp.）がいた。恵那キャンパスのミミカキグサのように、植物名の由来となった耳かき状の宿存萼《しゅくぞんがく》は確認できなかった。また黄色の距は後方斜め下を向くが、恵那キャンパスのものよりも長く、より前方に反っているようであった。

そこを登りきるとやや平坦な開けた場所に出た。更にトレッキングルートは段々畑、棚田、農家の庭先を通り、照葉樹の森へと続いた。トレッキングルート沿いにも所々湧水が確認でき、そこには恵那キャンパスのものとは全く違う一見してミミカキグサの仲間とは思えない、マルバミミカキグサ（*U. striatula*）がコケや岩の上に着生していた。恵那キャンパスのミミカキグサはその小ささに心惹かれるのに対して、マルバミミカキグサの場合は花そのものに見応えがある。花は白色で中心に薄黄色の紋がある。照葉樹の森の中で時折見かける着生ランよりは遥かに心惹かれる。同属でありながらあまりにも違うその姿に見とれていたいのだが、足下には地上性のヒルがうようよしている。このマルバミミカキグサの彩りを後に照葉樹の森を抜けると尾根に到着し、目的地のダンパス村へと続くスカイラインに出る。するとアンナプルナ山域の中でもひときわ目立つ、マチャプチャレ（標高六九九三メートル）が姿を現した。

ネパール・ダンパス近郊照葉樹の森で，マルバミミカキグサ（標高 1723m，2003 年 8 月）

アンナプルナ山域の中でもひときわ目立つマチャプチャレ（標高 6993m）。「魚の尾」を意味する（ダンパス村標高 1795m より仰ぐ，2003 年 8 月）

天高く

街のどこかに、まだ夏の余熱が残っている頃。草の丈高の勢いが止まる。

ちいさな花のおおきな宇宙

シラタマホシクサ（白玉星草）*Eriocaulon nudicuspe*　ホシクサ科 Eriocaulaceae

緑の湿地に転々と咲く地上の星、白玉星草。この丸く小さな花々に初めて出会ったとき、満天の星空を見上げたように心の奥が躍った。それはこの花の名を知り、そしてこの草が小さな島国の周伊勢湾地域でしか見られない貴重な植物だと聞いていたからだろうか。ひとつの花をルーペで観察しているとそんな知識とは無関係に、ちいさな宇宙がここにあることが嬉しいのだと実感する。たくさんの雄花と少数の雌花が雑居する丸い頭花には全体に白い短毛が密生し、直径は約六〜八ミリ。それを支える花茎は少しねじれていて四つの角があり、高さ二〇〜四〇センチほど。長さ三〜二〇センチほどの葉は線形で根元に群がって生える。一年生草本。

シラタマホシクサ

別名はコンペイトウグサ。昔は子どもが白い頭花に色をつけて花かんざしにして遊んだという。さてこの花、柔らかいのか硬いのか。それは出会った時の楽しみに。東海丘陵要素。花期は八～一〇月。トリムコースNo.1下湿地でだけ輝いている。

絶滅危惧Ⅱ類（環境省、岐阜県）、危急（愛知県）。

（文・溝口）

亜熱帯の銀星

亜熱帯の毛氈で星に出会った。ベトナム・パックマー国立公園の亜熱帯常緑性モンスーン林の中、赤土の上のクルマバモウセンゴケに出会ったが、その毛氈の上に大きめのコンペイトウがこぼれていた。オオシラタマホシクサ（大白玉星草、*Eriocaulon sexangulare* ホシクサ科）がクルマバモウセンゴケといっしょにいた。ホシクサ科の植物は湿生もしくは水生であるが、見つけた場所は湿地でも水中でもない赤土の上。この地の湿度の高さが赤土の上で生きていける環境条件を整えたのだと思う。周囲の樹木にはシダや着生ランが多い。

オオシラタマホシクサはシラタマホシクサよりも草丈が三〇～四〇センチと高く、葉も大きく先端部がやや硬質となっている。そのためか随分と逞しく見える。なによりも頭花が径一センチ程度で堅い。そして雄花の黒い葯がシラタマホシクサよりも目立つせいか、多少グレーがかっているようで「白玉」とは形容しがたく、コンペイトウのような凹凸状に見えないので、星の輝きとも形容しがたい。しかし雄花と雌花が集合して、ひとつの頭花となっている点はシラタマホシクサと共通している。日本国内でも琉球列島の渓流沿いや湿地に生育していること

ベトナム・パックマー国立公園亜熱帯常緑性モンスーン林の銀星オオシラタマホシクサ（標高 1136m，2008 年 8 月）

これもシラタマホシクサと同じホシクサ属のイトイヌノヒゲ（恵那キャンパスにて，2004 年 9 月）

を帰国後に知った。

　ホシクサ属は世界に約四〇〇種、その内の約四〇種が日本に自生している。更に恵那キャンパス内に自生するのはイトイヌノヒゲ（糸犬の髭、*Eriocaulon decemflorum*）、ニッポンイヌノヒゲ（日本犬の髭、*E. hondoense*）、シラタマホシクサ、シロイヌノヒゲ（白犬の髭、*E. sikokianum*）（南ら　二〇〇四）の四種と絞り込まれる。

　シラタマホシクサ以外のホシクサ属は「星草」とは形容しがたい姿のせいなのか、なかなか話題とならない。花序の外側の総苞片が長く突き出しているので、その姿から「犬の髭」と呼ばれている。しかし、よくよく見るとこれはこれでまた別の宇宙を眺めることができる。

侘びた花を律儀に天に向け

ワレモコウ（吾木香、吾亦紅）*Sanguisorba officinalis*　バラ科 Rosaceae

遠目には丸い実のようにみえる花穂にアキアカネがとまる。歩む足がとまる。時間もとまる。あたりはすっかり秋の気配だ。ワレモコウ属の花には花弁がない。四枚の暗紅色の萼片が花弁のように見えていて、その中に糸状の花糸の先に黒紫色の葯のついた雄しべが四枚。花が穂状になって咲いていくものは、下から咲き始め次第に咲き上がっていく無限花序と呼ばれるものが多いが、本種は先端からだんだん下に咲く有限花序である。

細くて乾いた堅い茎は、上部にいくほどに律儀にV型に枝分かれを繰り返す。葉は奇数羽状複葉、長楕円形の小葉には三角形のそろったあらい歯牙がつく。古来より秋の風情を表す花として詠みこまれ花材にも好まれてきたが、最近では色味を落とした侘びたムードの花束としても人気である。花屋でみかけるワレモコウはほどほどに繊細で束ねやすいが、野で見るものはその生れ落ちた土地の環境によって高さも三〇～一〇〇センチと育ちの違いが顕著で、トンボ

ワレモコウ

がとまるのも遠慮しそうなか細いものからごわごわと剛毅なものまで様々だ。名の由来はキク科のモッコウ（木香）からきたものという「吾木香」、花の色を問われ「我もまた紅なり」と主張したとする「吾亦紅」など諸説がある。漢方で根を乾かしたものを地楡と呼び止血剤に使う。

花期は八月以降。No.4～5、No.6～7、No.15～16の湿地の縁で揺れている。

（文・溝口）

北の原生花園

湿原には三種類ある（広木　二〇〇二）。湧水や河川からあふれた水にいつも浸って地下水位が高く保たれている富栄養な「低層湿原」。水位や土壌の高低などによってヨシ類が優占していたり、スゲ類が優占したりする。もう一つは北方や高地で発達する「高層湿原」と呼ばれる河川などの水が流れ込まない比較的水位の低い雨水のみで植生が維持されている貧栄養な湿原。低温のため植物残渣が分解されず泥炭層が堆積し、ミズゴケなどが繁茂している。「中間湿原」とはまさに両者の中間の湿原だが泥炭地以外の湿地で、高層湿原にも、低層湿原にも定義できないものとしている。恵那キャンパスの土岐砂礫層湿地は地下からの湧水によって涵養されているので、水供給の観点からは低層湿原のよう性質を持つが貧栄養である。しかし、一般の高層湿原のような泥炭層は堆積されない。そのため広木（二〇〇二）によって「湧水湿地」と呼ばれる前は、中間湿原という項目に納められていた（宮脇　一九八五）。

北海道には原生花園と呼ばれる場所がある。ヒトが植えたかのように色鮮やかな花々が自然に咲く湿地帯、草原地帯のことを原生花園と呼び、北海道沿岸に多く分布する。オホーツク海

釧路湿原．低層湿原の代表（2007年9月）

に面した浜頓別町にある「ベニヤ原生花園」もその一つで、北オホーツク道立自然公園になっている。そこは、オホーツク海岸線に広い帯のように横たわる約三三〇ヘクタールのつかみどころのないだだっ広いだけの場所ではない。海岸沿いに広がる低層湿原には一〇〇種類以上の北方系植物や湿生植物が群生している。訪れた時もハマナシ（浜茄子、*Rosa rugosa*　バラ科）の紫の花弁、草原から顔出すエゾノシシウド（蝦夷猪独活、*Coelopleurum gmelinii*　セリ科）の白い花、ノハナショウブ（野花菖蒲、*Iris ensata* var. *spontanea*　アヤメ科）の紫の薄い花弁、大型の紫色の花が天を突き刺すクガイソウ（九蓋草、*Veronicastrum sibiricum* subsp. *japonicum*　ゴマノハグサ科）などが目に鮮やかだった。一方、華やかさはないが白い切れ目の入ったエゾオオヤマハコベ（蝦夷大山繁蔞、*Stellaria radians*　ナデシコ科）や申し訳程度のホタルサイコ（蛍柴胡、*Bupleurum longeradiatum* subsp. *sachalinense* var. *elatius*　セリ科）の黄色い花も趣がある。

その中で、草丈は高く花も比較的大きいはずなのに、草原の中から浮かび上がってこないのがナガボノシロワレモコウ（長穂の白吾木香、*Sanguisorba tenuifolia* var. *alba*　バラ科）である。立ち位置がよくないのか、大きな葉もつけず花に華やかさがないためか、横で揺れていても気づかない。名前を教えてもらわないと、ワレモコウと同属植物とは思えない姿をしている。花の咲き方こそ、先端からだんだん下に咲く有限花序で、やはり花には花弁がないことも共通している。だが白緑色の萼のせいで、全体が白濁して見える円柱形の長さ二〜七センチの花穂は下垂し、天にも向いていない。だからその姿は「吾亦紅」ではない。花糸が長いので開花した部分が少しずつ下方に向かって行く様子にはなぜか期待感をもってしまう。

ベニヤ原生花園のその向こうには、オホーツク沿岸の砂浜が帯状に広がっている。ハマボウフウ（浜防風、*Glehnia littoralis*　セリ科）、エゾノコウボウムギ（*Carex macrocephala*　カヤツリグサ科）に混ざって、一面シロヨモギ（白蓬、*Artemisia stelleriana* キク科）の群落が異様なまでに白く染めている。そして、その向こうには青い空と蒼いオホーツク海。強い潮風を遮るものはなにもない。白い長い穂は大きくゆっくりと揺らいでいた。

ベニヤ原生花園のナガボノシロワレモコウ（2003年8月）

枯れ草色のにおい

秋風に、そよともせずに立っている花々。来年まで憂いの残らぬよう、気の済むまで観ていたいが、その場を離れることを促すかのように、木漏れ日の明暗が少しずつ弱くなっていく。

清楚な花に苦味秘め

センブリ（千振り）*Swertia japonica*　リンドウ科 Gentianaceae

　試みに葉をちぎって口に入れた人の顔が、たちまちゆがんでいく。そしてひと呼吸おいて言葉にならない声がもれる。とにかく苦い。センブリは健胃に効く民間薬として昔からよく知られ、和名の千振は草全体がとても苦く、熱湯の中で千回降り出してもなお苦味がなくならないことに由来するという。

　日当たりのよい里山の草地に生え、高さは二〇センチほど。陽の光を受けてくっきりと咲く清楚な花は五枚の花弁をもつ離弁花に見えるが、基部がわずかにつながる合弁花だ。深く五裂した花には透かし柄のように紫色のすじが入り、五本の雄しべの先につく葯の黒い点々がこの

センブリ

小さい花に表情をつける。二年生草本。「千振」「千振引く」「千振干す」はいずれも秋の季語。花の時期に根ごと摘んで干し、お茶としても飲んだという里の秋の風景がしのばれる。

別名は当薬、方言名に医者倒し、クスリグサ、エガクサ、ヤクソウなど。

花期は一〇月上旬〜中旬。野球場法面。枯れてもなお苦いので味見だけなら、冬場でも可能。

（文・溝口）

華奢なスタイリスト

ウメバチソウ（梅鉢草）*Parnassia palustris* var. *multiseta*　ユキノシタ科 Saxifragaceae

愛でられるために育てられた街角の花々を見慣れた眼にこんな花を。トレーナーを羽織って出掛けるのは日当たりのよい湿地。遠目にぽつんぽつんと見えた白い花は、竹ひごのように細長い、高さ一〇～四〇センチほどの花茎に支えられてたったひとつだけ咲いている。根の近くにつく根生葉は花のようには目立たず、あるのは細い花茎をくるりと抱くようにつくたった一枚のハート型の葉。

ほのかにクリーム色を帯びた五枚の花弁の中心には雌しべ。これを五本の雄しべと、先端にたくさんの黄色い腺体をつけた仮雄しべが交互に並んで取り囲んでいる。黄色く光る腺体はいかにも甘い蜜をだしていそうだが実は甘くなく、しかし虫たちはこれに惑わされ集まってきているのではないかと考えられている。

名の由来は、この花を真上からみた形が天神様の紋所である「梅鉢紋」に似ていることから。

ウメバチソウ

恵那では花の季節に終わりを告げる花である。多年生草本。

恵花期は一〇月中旬から一一月上旬。No.1~2、No.19~20の湿地でぽつぽつと見られる。

（文・溝口）

ニオイの感情

ヤマラッキョウ（山辣韮）*Allium thunbergii*　ユリ科 Liliaceae

　匂いと臭いの感情は摩訶不思議だ。ヤマラッキョウを押し葉標本にすべく古新聞に挟み込んでいてふわりと漂ってきた香りにどちらの漢字をあてるかは、すべて自分のこころの今にある。閉じた室内にいてもユリ科ネギ属らしいこのニオイに心地よさを感じているのは体いっぱいに吸い込んだ里の香り、野の香りがまだこころに残っているからだろう。

　数十センチにすらりと伸びた茎に球形の散形花序につく花は、秋の陽射しの中で眺めるとひとつひとつが美しい。花被片は赤紫色、楕円形で先は丸く長さ五ミリ内外。花柄が長く、花の垂れ下がる様がかわいらしさを増している。赤紫色の花被片は平開せず、その中から突き出た数本の雄しべ。その先の橙色の葯との色の調和が美しい。葉は基部に三～五枚、円柱状、断面は鈍三角形。多年生草本。

　鱗茎は食用のラッキョウ（辣韮）に似て狭卵形。炒め物、煮物、揚げ物にして食すること

ヤマラッキョウ

も。学名のAllium（アリウム）は古いラテン名で「ニンニク」という意味が語源。Thunbergiiは命名者でスウェーデンの植物学者、医学者で日本植物学の基礎をつくったツンベルクの名。花言葉は八方美人。つつましいあなた。北海道、東北地方には分布しない。

花期は一〇月中旬。トリムコースNo.19～20、No.20～21の湿地の縁で咲く。

（文・溝口）

天空の湖

こういう風景の中で、恵那キャンパスで見かける植物と同じであって・同じでないものに出会えると、嬉しさの向こうから驚きがやってくる。ブータン国境から北に約四〇キロのチベット高原の南東部にあるプマユムツォ湖（標高五〇一〇メートル）湖畔に立つことができた。借景として天空を支配する神の山クーラカンリ峰（東峰：七三八一メートル、中央峰：七四一八メートル、主峰：七五三八メートル）の白銀の背が兢々としている。「湖の紺碧、白銀の背、蒼天」の組み合わせには必然を感じてしまう。湖北岸にキャンプサイトを設営すると、チベット人がどこからともなく溢れてきた。好奇心が今にも溢れ出しそうな眼で、珍獣を見るかのようにこちらの一挙手一投足を見落とすまいと探っている。湖東部の一角に絶壁状に突出した小高い半島には、世界で一番高い場所にあるツィ村があり、チベット人は放牧を糧として定住している。

大胆な構図の風景の中に、高山荒原、高山草原、湿地といろいろな生態系がはめ込まれてい

チベット天空の湖「プマユムツォ湖」（標高 5010m）と神の山クーランカンリ峰（東峰：7381m, 中央峰：7418m, 主峰：7538m）（2006 年 8 月）

プマユムツォ湖畔（標高 5010m）のヤクの放牧風景（2006 年 8 月）

る。その一つ一つの生態系に更にはめ込まれている植物の調査をした。湖畔はヤクやヒツジの放牧地となっていて、彼らはこの地の植物を三種類に区別している。主食となるカヤツリグサ科やイネ科は、どれもこれも彼らの採食によって短く丁寧に「刈りこまれている」絨毯となっている。その緑の絨毯が途切れたり、剥がれたりした場所には彼らの食べ残しが咲いている。食べ残したのにはそれなりの理由がある。吹き渡る風に曝されないように、そして少しでも日中の太陽を受けて熱を内部に蓄えるために地上に平に広がったり、マット状になったりした結果、彼らにとって「食べにくい」ものへと収斂進化したもの。もう一つは体内に毒を秘めるか、忌避物質を蓄えるという自己改造をしたか、彼らの口が届かない高嶺の花となって「食べられない」ものになったもの。この地で愛でることのできる植物は、「刈り込まれている」か、「食べにくい」か、「食べられない」のどれかで、すべて彼らの嗜好と採食能力にかかっている。

彼らにとっては行ける場所に咲いているが、食べられないのかもしれない。湖東岸に流出河川があり、河口付近は砂地となり適度に湿っている。所々彼らの足跡が残っているので、この場所に来ているはずだが *Swertia hispidicalyx*（リンドウ科センブリ属）は嗜好の対象とならないのか、それとも忌避物質でも含んでいるのか全く食べられた痕跡がない。誤食した時の彼らの

家畜にとっては行ける場所に咲いているが，食べられないのかもしれない
Swertia hispidicalyx（プマユムツォ湖東岸標高 5010m, 2006 年 8 月）

ゆがんだ顔は想像できない。葉はほとんど地表でロゼット状となり、花茎は根元から分枝して四方にひろがっている。そして花茎を歪曲させた花はすべてが太陽を求めて真上に咲いている。パラボラ形の花冠を反射した太陽光が中心の生殖器官に集められ暖かくなると、上空を飛ぶ昆虫を誘引し、受粉を成功させる絡繰《からく》りらしい。花冠は甲虫の背中のような光沢を発した赤紫色をし光をよく反射している。センブリのような「淡い」感じは漂ってこないが、花の形や蕾の雰囲気からはどことなくセンブリの面影を見出せる。

彼らにとっては行きにくい場所がある。湖西岸に広がる流入河川河口に広がるデルタ地帯は、凹上の水がたまったシュレンケと凸状のブルトがジグソーパズルのように続いている。この場所は四脚には歩きにくいに違いないし、時に湿原の泥に捉えられてしまう可能性もある。ブルトの側面のわずかな窪地に小さな花をつけた*Parnassia pusilla*（ユキノシタ科ウメバチソウ属）がしがみついている。あまりにも小さい。本当に小さいくせして、その作りはウメバチソウをそのまま小さくしてしまったような姿で、花茎は二センチ程度。茎葉はなく、根生葉もせいぜい五ミリ程度の腎形。仮雄しべは二ミリ程度の突起のようにしか見えない。その姿を大きくするのを誰かが忘れたような。上から見てもウメバチソウほど「梅鉢紋」に見えないが、この地には梅など咲いていないので、そのことはどうでもいい。この小ささがいい。

彼らもヒトも行けない場所がある。湖に浮かぶ島である。この島の南側は断層となっているため、垂直な崖が湖面から突出している。ここの崖棚こそ手つかずの場所で*Allium carolinianum*（ユリ科ネギ属）が高嶺の花のポジションを占拠し、上から目線でこちらを見下ろしている。たかがネギがである。ボートから仰ぎ見ると質の強い多肉質の外観をし、粉白色を全身に帯びている。特徴的な球形の花序があざやかな赤紫色なのでその種とわかるが、それ以外の姿はどこから見てもたかがネギである。しかし、そのたかがネギを手に取ってみたかった。そして、この地のネギは、香り高いのか悪臭に満ちているのか試してみたかった。

こういう風景の中で出会えた花々は彼らが食べ残したもの。その御陰で、恵那キャンパスに咲く花と「同じであって・同じでないもの」に出会えた時、嬉しさの向こうから驚きがやってくる。青山背後の湖畔で。

家畜にとっては行きにくい場所に咲く *Parnassia pussilla*（プマユムツォ湖西岸標高 5010m，2006 年 8 月）

家畜にとってもヒトにとっても行けない場所に咲く．高嶺の葱 *Allium carolinianum*（プマユムツォ湖大島標高 5010m，2006 年 8 月）

枯れゆく草の谷間から

ホソバリンドウ（細葉竜胆）*Gentiana scabra* var. *buergeri* forma *stenophylla*　リンドウ科 Gentianaceae

美しくねじれていた蕾が秋の日差しの下で開いた。野に春の訪れを告げ、口元をほころばせて笑っているのがハルリンドウなら、秋のリンドウは花の季節に終わりを告げ、口角だけで笑っている。

茎は二〇～一〇〇センチ、直立または斜上する。葉は対生し、柄はない。鐘状筒形の花冠の先は五裂し、裂片の間に副片があるのがリンドウ属の特徴だ。リンドウ属は世界に五〇〇種、日本に一〇種類以上が知られる。花屋でみるリンドウは茎頂と葉腋にもたくさんの花をつけるエゾリンドウ（蝦夷竜胆、*Gentiana triflora* var. *japonica*　リンドウ科）の栽培品。ホソバリンドウも茎頂と葉腋にも花をつけるが花数は少なく、茎も細い多年生草本である。

古来より東西で知られた薬草。根茎と根を乾燥させたものが健胃等に使う漢方薬の竜胆で、クマの肝よりもさらに苦い竜の肝の意。和名はこの音読みに由来する。

ホソバリンドウ

別名にキツネノタンポポ（狐蒲公英）、オモイグサ（思い草）、オコリトリ（瘧落）、キツネノショウベンタゴ（狐小便桶）など。山地開発や観賞用の採取などにより個体数は減少。

花期は一〇～一一月。No.1～2、No.19～20の湿地周辺で微笑む。

（文・溝口）

チベットの結晶

康定の更に西。チベットに入ると国道三一八号線はグレート・ヒマラヤとほぼ平行になる。二〇〇九年七月に波密から拉薩《ラサ》の間を東西に奔走した。チベット高原の東、米拉山口の標高五〇一三メートルの峠にさしかかる。極彩色のタルチョ（祈祷旗）の切れ端があちこちに散乱している以外は、乾いた砂礫質の色のない風景が広がる。チベットでの植物調査も最終に近づいていたので、切れ端と花との区別がつく程度に目は慣れていた。乾いた風景の中の青い切れ端と、「ヒマラヤの幻の青いケシ」と呼ばれている *Meconopsis horridula*（ケシ科）のメタリックブルーの花弁を、区別して風景の中から抽出できるまでになっていた。米拉山口峠を示した石碑がある場所で四輪駆動車を停めてもらった。この高度のせいか同乗者は車から降りてこなかった。一人でメタリックブルーの幻の花を採集するために車から降りた。風に曝される砂礫斜面のせいか、草丈は低く、花弁も痛んでいた。数株を採集。今日中に拉薩に戻ることを考えれば、目的を果たしたのだからそのまま車に戻ればよい。ドライバーも煙草を吸いながら、明

チベット米拉山口峠放牧地で咲く「ヒマラヤの幻の青いケシ」(*Meconopsis horridula*)(標高 5013m, 2009 年 7 月)

らかに帰ろうという表情をしてこちらを伺っている。気づかない振りをして、更に砂礫の斜面を登ってみる。工事現場に野積みされた砂利の山を登るように足首まで砂利の中。その場で足を交互させているだけのような、それでも少しずつは登れているような。そんなことを繰り返していた。時に偶然を必然と錯覚することがある。*Gentiana urnula*（リンドウ科）の姿を見落とさなかった自分を褒《ほ》めた。中国名を「烏奴竜胆」という、魏志倭人伝に「烏奴国」という国の記述があるが、いずれにしてもあまりよいイメージの漢字ではない。味は竜胆だけあって苦く、薬効は清熱、解毒となっている（上海科学技術出版社　一九八五）。以前ブータンの伝統医薬博物館に、生薬として大量に展示されていた「死んだ姿」ならば見たことがあった。だから以前からこの「作り物」のようなリンドウのことは知っていたが、生きた場面に出会ったことはこれまでになかった。今更この小さな花を積んで薬にしたいというヒトが多くいるとは思えないし、栽培するようなものでもなさそうである。遊牧の合間の副業として採取している程度だと思う。自分自身幻の花として密かに恋焦がれていた。別に色鮮やかな花を咲かせている訳ではない。質の薄い白色の先端部分だけ暗紫を帯びた壷状鐘型の華やかさのかけらもない花を、茎先に一もしくは二個つける。「ポツネン」としているだけの花。ただ「ヒマラヤの幻の青い

チベット米拉山口峠標高 5013m の崩壊地でみたチベットの結晶「烏奴竜胆」(*Gentiana urnula*)(2009 年 7 月)

ケシ」同様に生きた姿を見るためには、シノ・ヒマラヤ（東ネパールからチベット、青海省辺りの中ヒマラヤ）の標高五〇〇〇メートル前後まで登る苦行に耐えなくてはいけない。花茎は短く砂礫層から直接花が突出しているようにも見えるが、花茎の下には何重にも革質の葉が中脈を境に内に折れている。葉と葉の間の茎（節間）が伸びていない。そのため、もしも花がついていなければ、緑色の鉱物の結晶と思ってもしかたない。それくらい葉の様相に無機的なものを感じてしまう。このリンドウも悪天候のためか花冠を閉じていた。採集のために周囲の小石を取り除いていく。しかし小石を取り除くと、取り除いた分だけ周囲から小石が補填される。埒があかないので、両手を広げて株の周囲の小石ごと、なるべく深くまで腕を潜り込ませて、指の間を篩のようにしてゆっくりとすくいあげてみた。細いが深くまで伸びている根が途中で切れてしまったが、どうにか自分の掌に数株すくいあげることが出来た。この長い根が砂利の流れの中で植物を支えるアンカーの役目をしていたようである。

完全に開花した姿を撮影しようと拉薩の宿泊施設に丁寧に持って帰り、一晩水にさしておいた。翌朝完全に開花してはくれなかった。そのかわりに、こちらが全く想像しなかったような異様な姿となっていた。節間だけが異様なまでに伸びていた。硝子コップの中でうなだれてしまっているのをまっすぐに伸ばしてやる。藪の中で隣り合う草と互いに寄りかかり、その姿勢を保っている徒長した細すぎるホソバリンドウに見えなくもない。*Gentiana urnula* は節間伸長が「できない」のではなく「しない」だけのようであった。ヒマラヤのリンドウはどれも草丈が低いが、それは過酷な環境のせいで、潜在能力がない訳ではないようである。先祖種がはるか北方で起源しその子孫がこの地にたどり着いた時に、本来の潜在能力を封印してしまったのか。それとも発揮できずにいるのか、草丈を伸ばすことをやめてしまった。一方で、国道三一八号線の東の果て、海の向こうの島国にたどり着けた仲間達は、草丈を伸ばすことができたようである。どちらが幸せかはわからない。

霜枯れ

樹々の葉が落ち、それまで隠れていた天空が広がる。華やかさが消え、風の音だけになると、見えて来るものたち。

常緑のいのちが這う

ヒカゲノカズラ（日陰蔓）*Lycopodium clavatum*　ヒカゲノカズラ科 Lycopodiaceae

冬を全身にまとっている。ヒカゲノカズラは「日陰蔓」。日陰に伸びる蔓草の意ながら、実は光を好む常緑のシダ植物。刺身などに緑を添える料理のつまとして皿の上ではおなじみだが、太陽の下で緑の針金のように地上を這い伸びる姿からは季節のうつろいをものともせぬ力強さが感じ取れる。

これを素肌に巻きつけて、天宇受売命は天岩屋戸の前で舞い踊ったとされる。また大嘗祭などの神事で、物忌みの印として冠の左右に掛け垂らす糸をヒカゲノカズラと呼ぶのは、古くはこの植物を使っていたかららしい。

ヒカゲノカズラ

漢名は石松《セキショウ》、また黄色い胞子は石松子《セキショウシ》と呼ばれ、防湿性があることからかつて天花粉にも混入され、皮膚疾患の散布薬や丸薬の衣としても用いられてきた。

方言名はウサギノタスキ、オニノクチヒゲ、キツネノクビマキ、テングノタスキ、カミダスキなど。各地で名脇役をつとめてきたようで興味深い。

茎は長く地上を匍匐し、伸長して二メートル、しばしば分枝。葉は輪生状または螺旋状に密生し、線状披針形。夏期に枝の先端から細長い柄を直立させ、その先に胞子嚢穂をつける。多年生常緑シダ植物。

一年中。宿泊棟、野球場法面などに自生。

（文・溝口）

冬をまとうことのない照葉樹の森で

照葉樹の森が続く尾根を削っただけのスカイラインに出ると、マチャプチャレ山（標高六九九三メートル）がますます正面に見え始める。ガイドの事前説明によると、起点のフェディから宿泊地のダンパスまでは一時間半の行程。昼食後十分に余裕を持ってスタートしたミニトレッキング。ところが薬用植物調査をしながら歩く我々の足では出発してから三時間以上が経っても、未だ宿泊地のダンパスに到着する時間が読めない。尾根を削っただけのスカイラインはゆっくりとした、ゆるやかな上り下りを繰り返す。左手は照葉樹のうっそうとした森、右手は谷底まで続く棚田、段々畑。家々がその中にポツリポツリとアクセントをつけて建っている。その向こうには、マチャプチャレ山。やはりその姿に見とれてしまっていると、目立たない植物を見落とすことがある。ましてや色鮮やかな花をつけない植物は。

ヒカゲノカズラもそんな一つだった。白く直立した胞子嚢穂がこちらを向いていなければ、完全に後背の照葉樹の森にとけ込んでしまっているので見落としていた。茎は照葉樹の森の縁を匍匐し、勢い余って土壌が削られた箇所ではぶら下がってしまっている。葉の様子、側枝を

ネパール・ダンパス照葉樹林の「日陰葛」（標高 1723m，2003 年 8 月）

叉状に分枝し、ところどころ斜上しているので恵那キャンパスのヒカゲノカズラとの違いを見分けられない。しかし、先端が鋭く、白が深い、恵那キャンパスのヒカゲノカズラよりもはるかに勢いよく直立した胞子嚢穂は一見しただけで違うことがわかる。天花粉にも使える胞子を指で軽くこすってみると、これまでに体験したことのない心地よい感覚がいつまでも指先の記憶として留まる。実は恵那キャンパスのヒカゲノカズラが「日影葛」で、ここのものは照葉樹の森の縁に生える本当の「日陰葛」。

ヒカゲノカズラ属の歴史は古くその起

源をたどれば約四億年前のデボン紀まで遡ることになる。そのため現在の大陸が形成される過程で世界中に分散し、現在二〇〇種以上が確認され特に熱帯に多い。この地のヒカゲノカズラは、一生涯全身に冬をまとうことのない照葉樹の森に生きている。だが、この地に住む人々も胞子を利尿、鎮痙などに使い、更に胞子をペーストにしたものを傷薬として使っている(Narayan 2002)。洋の東西を問わずこの植物の胞子に薬効を見出したことがおもしろい。

天に咲き、天から葉を落とす

ホオノキ（朴の木）*Magnolia obovata*　モクレン科 Magnoliaceae

学生の大きなスニーカーさえどうぞとのせてしまうほどのホオノキの落ち葉が、しんとしたトリムコースの谷間にダイナミックに重なり合っている。重なり合って、重なり合って、落ち葉ロードをつくっている。高さ二〇メートルもある大木の枝先に、日本の樹木のなかでいちばん大きな薄い黄色みを帯びた花を上向きにつけ、芳しい香を放っていたのは初夏の頃。幼子の頭にそのまま冠として載せられるような黄白色の花の周りをとり囲むように広がっていた緑色の十数枚の葉。その葉も赤褐色に熟した果実を見届けた後は色をやがて落とし、そして天から舞い落ち、今は冷えた地面をあたためている。

この葉は、味噌をのせ炭火で焼きながら食する朴葉味噌で知られるように、古来より食材を包んだりのせたりして利用されてきた。また木は狂いのない材として家具や細工物、版木、刀の鞘、下駄に、また樹皮は厚朴《コウボク》と称して健胃剤、駆虫剤に使われる。別名ホガシワ。万葉集には保宝我乃波《ほほかしわ》の名で歌われている。

わが背子が　捧げて持てる　ほほがしわ　あたかも似るか　青き蓋

『万葉集』巻十九・四〇二四　僧恵行

しばれた地面の下では、次の季節の準備が静かに静かに始まっている。

葉の裏面は白色を帯びて長軟毛を散生する。落葉高木。

花期は五月。恵那トリムコースを歩けばどこででも出会える。しかし、花は高い場所に咲くので下から見上げても樹々の葉が邪魔して探し出せないし、たとえ下から見つけても花を拝めない。諦めて恵那キャンパスから帰りがけにトリムコースNo.9~11付近の森を振り返ってみると、ぽつりと白く目立つ。それが花なので、それで満足して帰る。それよりも花は想像だけにしておいて、落ち葉を踏みしめ歩くのが妙味。

（文・溝口）

ホオノキ

そして、
今年も最後に
風花が咲く。

エピローグ

「博物館」というと大袈裟になるので恵那キャンパスを「書斎」と例えておく。手を伸ばせば苦労なく届く場所にいろいろな知識があり、そこから様々な知恵を得ることが出来る。さしずめ「ここちよく適度に散らかった書斎」である。どの花も小さく儚げだが、逞しく。時に孤立し、時に競い合い。それぞれの居場所で、それぞれの時を刻んでいる。その場所は青山背後にあるのではなく。シャングリラでもない。圧倒的なスケール感もない。ただ、アスファルト道路のその向こうの日常の中にある。

引用文献

愛知県環境部自然環境課　二〇〇七　湿地・湿原生態系保全の考え方～適切な保全活動の推進を目指して～、愛知県環境部自然環境課、名古屋。

Arnold, M. L. 1997 Natural hybridization and evolution, Oxford University Press, Oxford.

岐阜県博物館学芸部自然係編　二〇〇〇　すばらしき東濃の自然、再発見～巨大ヒノキが見てきた生き物たち～、岐阜県博物館友の会、関。

Gore, A. J. P. 1983 Introduction. In "Ecosystems of the world 4A Mires: swamp, bog, fen and moor" (ed. by Gore, A. J. P.) . Elsevier Scientific Publishing Company, Amsterdam, pp.1-34.

長谷部光泰　二〇〇三　モウセンゴケ科およびモウセンゴケ属の系統関係、食虫植物研究会誌　54: 1-9.

広木詔三編　二〇〇二　「里山の生態学」、名古屋大学出版会、名古屋。

Ichihashi Y. and Minami M. 2009 Phylogenetic positions of Tokai hilly land element, *Drosera tokaiensis* (Droseraceae) and its parental species, *D. rotundifolia* and *D. spatulata*, Journal of Phytogeography and Taxonomy 57:7-16.

今江正知　一九八六　「火の山に生きる植物」、ガーデンライフ 7: 16-20.

環境省　二〇一〇　生物多様性情報システム、http://www.biodic.go.jp/J-IBIS.html.

北村四郎、村田源　一九六一　原色日本植物図鑑・草本Ⅱ、保育社、大阪、pp.166-168.

小宮定志、柴田千晶、外山雅寛、勝俣員伊　一九九六　北海道産の食虫植物、日本歯科大学紀要 26: 153-188.

Matthews, G. V. T. 1993 "The Ramsar Convention: its history and development" Ramsar Convention Bureau, Gland.

南基泰、寺井久慈、河野恭廣、谷山鉄郎　二〇〇四　東海丘陵要素植物群落の保全生態学的研究―保全・修復とその

管理に関する研究—（1）恵那キャンパス内及びその周辺部の植物種調査、中部大学生物機能開発研究所紀要。4: 41-51.

宮脇昭編　一九八五「日本植生誌　中部」至文堂、東京。

中村俊之、植田邦彦　一九九一　東海丘陵要素の植物地理２　トウカイコモウセンゴケの分類学的研究、Acta Phytotax. Geobot. 42（2）125-137.

Narayan P. Manandhar 2002 Plants and people of Nepal, Timber Press, Portland, p.301.

小椋純一、山本進一、池田晃子　二〇〇二　微粒炭分析から見た阿蘇外輪山の草原の起源、名古屋大学加速器質量分析計業績報告書13：236-239.

大西良三編　一九七八　三浦学園四十年史、学校法人三浦学園、春日井。

大西良三編一九八九　三浦学園五十年史、学校法人三浦学園、春日井。

Rivadavia, F., Kondo, K., Kato, M. and Hasebe, M. 2003 Phylogeny of the sundews, *Drosera*（Droseraceae）, based on chloroplast *rbcL* and nuclear 18S ribosomal DNA sequences, Am. J. Bot.90:123-130.

上海科学技術出版社　一九八五　中薬大辞典第一巻、小学館、pp.65-66, 東京。

食虫植物研究会監修　一九七九　ガーデンライフ編、食虫植物、誠文堂新光社、東京。

菅原繁蔵　一九七五　ホテイアツモリソウ、樺太植物誌第三巻、国書刊行会、東京、pp.604-605.

植田邦彦　一九八九「東海丘陵要素の植物地理、I 定義」Acta Phytotax. Geobot. 40:190-202.

梅村甚太郎　一九二〇　吾帝国に珍しき愛知県産の草木の話、三益社、名古屋。

Yokoyama, J., Suzuki, M., Iwatsuki, K., Hasebe, M. 2000 Molecular phylogeny of Coriaria, with special emphasis on the disjunct distribution, Mol. Phylogenet. Evol. 14:11-19.

吉田外司夫　二〇〇五　ヒマラヤ植物大図鑑、山と渓谷社、東京。

本書の植物学的記述については、一部以下の書籍を参考として記載した。


愛知県植物誌調査会　一九九六　植物からのSOS　愛知県の絶滅危惧植物、愛知県植物誌調査会、刈谷。

岐阜県健康福祉環境部自然環境森林課　二〇〇一　岐阜県の絶滅のおそれのある野生生物　岐阜県レッドデータブック、財団法人講習衛生検査センター、岐阜。

岩槻邦男　一九九二　日本の野生植物シダ、平凡社、東京。

佐竹義輔、大井次三郎、北村四郎、亘理俊次、冨成忠夫編　一九八一　日本の野生植物、草本Ⅲ合弁花類、平凡社、東京。

佐竹義輔、大井次三郎、北村四郎、亘理俊次、冨成忠夫編　一九八二　日本の野生植物、草本Ⅰ単子葉類、平凡社、東京。

佐竹義輔、大井次三郎、北村四郎、亘理俊次、冨成忠夫編　一九八二　日本の野生植物、草本Ⅱ離弁花類、平凡社、東京。

佐竹義輔、原寛、亘理俊次、冨成忠夫編　一九八九　日本の野生植物、木本Ⅰ、平凡社、東京。

佐竹義輔、原寛、亘理俊次、冨成忠夫編　一九八九　日本の野生植物、木本Ⅱ、平凡社、東京。

謝辞

本書に記載された調査、研究は、トヨタ財団研究助成プログラム「くらしといのちの豊かさをもとめて」、日本私立学校振興・共済事業団平成二十一年度学術研究振興資金、中部大学チャレンジサイト「恵那キャンパスバイオマップ作製」の援助を受けて行われました。記して謝意を表します。

追念

ヒトとの出会いにも縦糸（時間軸）の「いま」と横糸（空間軸）の「ここ」がある。

二〇〇一年四月十七日、当時本学応用生物学部環境生物科学科教授だった河野恭廣先生と、恵那キャンパス内のトリムコースを散策する機会に恵まれた。その時、先生から宿題が出された。「おまえさんも植物屋なら、このキャンパス内の植物リストをつくることぐらいはできるんじゃないか」、「おまえさんのように若い教員が中心になって、このキャンパスを環境教育や研究フィールドとして利用できんか」。これが、この本の誕生する「いま・ここ」となった。それから、多くの学生が出かけ、その度に多様な「花だより」を届けてくれるようになった。そして、いま多くのヒトたちの時間軸と空間軸が恵那キャンパスを原点として重なり、大きな「花綴り」へと広がっていっている。

河野先生ご自身も、赴任中の二〇〇一―〇四年の間、恵那キャンパスで平和な時間を学生と積み重ねることができ、私の国内外の花綴りの旅を自分のことのように喜び、旅の話を笑顔で聞いて下さった。

ところが二〇一〇年、花冷えの夜。もう二度と同じ時間軸、空間軸の中でお会いすることはできなくなってしまった。この書籍が出来上がったら、一番にお渡ししたかった。そして、批判と称賛の両方を得たかった。

もしも直接お渡しできたなら、

河野先生は「そうか、そうか」と満面の笑顔で、この本を両手で丁寧に受け取られ、「では、読ませて頂きます」と丁寧にお言葉を返して下さり、こちらが恐縮するほどに深々と頭を下げられたに違いない。

ただただ追念。

（南基泰　記）

ロシア
黒川湿原
ユジノサハリンスク
レスノー村
ベニヤ原生花園
日本
野麦
恵那キャンパス
阿蘇
上海
中国
プマユムツォ湖
ラサ
米拉山
波密
成都
康定
重慶
樟木
ネパール
ダンパス
ポカラ
カトマンドゥ
ブータン
ティンプー
インド
プー・ウィアン国立公園
コーンケン
タイ
フエ
パックマー
国立公園
ホーチミン
ベトナム

南　基泰（みなみ　もとやす）

1964年福井県生まれ。近畿大学大学院農学専攻満期退学後、厚生労働省筑波薬用植物栽培試験場、農林水産省果樹試験場（口之津）、野菜茶業試験場研究員を経て、2001年中部大学応用生物学開設と共に講師として赴任。現在は同大学応用生物学部環境生物科学科教授。専門は薬用植物学、分子生態学。研究対象は琴線に触れた生物ならば植物、昆虫、動物に拘らず。主な研究テーマは、薬用植物の多様性と品質評価、土岐川・庄内川流域圏の生物多様性評価、ヒマラヤ地域の植物の遺伝的多様性評価など。

溝口みかを（みぞぐち　みかを）
1960年京都府生まれ。立命館大学文学部卒。2002年から2007年まで中部大学南研究室で研究補助事務を勤める。現在は公共図書館勤務。この世にあるものを見て感じて伝えることが好きである。愛知県春日井市在住。

中部大学ブックシリーズ　Acta15
恵那からの花綴り

2010年7月20日　第1刷発行
定　価　（本体700円＋税）
編著者　南　基泰
発行所　中部大学
〒487-8501　愛知県春日井市松本町1200
電　話　0568-51-1111
ＦＡＸ　0568-51-1141
発　売　風媒社
〒460-0013 名古屋市中区上前津2-9-14 久野ビル
電　話　052-331-0008
ＦＡＸ　052-331-0512

ISBN978-4-8331-4079-9
＊装幀　夫馬デザイン事務所